suhrkamp taschenbuch
wissenschaft 1596

Der Konflikt zwischen Geistes- und Naturwissenschaften tritt in der aktuellen Diskussion um ein sich wandelndes Menschenbild besonders hervor. Dieser Band enthält eine Reihe von exemplarischen Gesprächen, in denen der Hirnforscher Wolf Singer der Idee vom frei handelnden Menschen den u. a. von neuronalen Prozessen weitgehend determinierten Menschen entgegenstellt, aber auch die Bedeutung von sozialen und kulturellen Faktoren für die geistige Entwicklung des Menschen betont. Kritisch setzt sich Singer mit der Vision einiger Zukunftsforscher auseinander, die die Entwicklung von künstlichen Gehirnen für die nächsten Jahre voraussagen. Die Gespräche mit Singer vermitteln aber auch einen Einblick in seine aktuellen Projekte in der Hirnforschung, die Hoffnung für die Entwicklung neuer Therapieformen geben.

Wolf Singer ist Direktor am Max-Planck-Institut für Hirnforschung in Frankfurt am Main.

Wolf Singer
Ein neues Menschenbild?

Gespräche über Hirnforschung

Suhrkamp

Bibliografische Informationen Der Deutschen Bibliothek
Die Deutsche Bibliothek verzeichnet diese Publikation
in der Deutschen Nationalbibliografie;
http://dnb.ddb.de

suhrkamp taschenbuch wissenschaft 1596
Erste Auflage 2003
Satz: Bibliomania GmbH, Frankfurt am Main
Druck: Nomos Verlagsgesellschaft, Baden-Baden
Printed in Germany
Umschlag nach Entwürfen von
Willy Fleckhaus und Rolf Staudt

ISBN 3-518-29196-3

3 4 5 6 – 08 07 06 05 04

Inhalt

Vorwort

Die in diesem Band zusammengefassten Gespräche gehen allesamt auf die Initiative der Nachfragenden zurück. Sie waren es auch, die auswählten, was von dem Gesagten festgehalten werden sollte. Mir blieb nur, die unfertigen Sätze auszuformulieren. Aller Dank gebührt deshalb meinen Interviewern. Erst durch ihre Fragen gewannen die vielfältigen Probleme Kontur, die in den folgenden Unterhaltungen behandelt werden. Oft verdeutlichen erst die Widerworte, was nicht zu Ende gedacht war. Die Gespräche gestalteten sich als gemeinsame Suche nach Klarheit und jedes einzelne war, zumindest für mich, Gewinn. Viele der dabei ausgetauschten Gedanken konnten wegen vorgegebener Zeilenzahl nicht aufgeschrieben werden. Dies erklärt die gelegentlichen Sprünge in den Argumentationslinien. Hier bedarf es ebenso wie bei den unvermeidlichen thematischen Überschneidungen der Nachsicht.

Die abgedruckten Gespräche entstanden alle in einem spezifischen Kontext und wurden in diesem veröffentlicht. So liegt der mögliche Gewinn dieser Zusammenstellung nicht im Neuen, sondern vielleicht in den Beziehungen zwischen vormals Unverbundenem.

Wolf Singer

Frankfurt am Main, 15. August 2002

Wer deutet die Welt?

*Ein Streitgespräch zwischen dem Philosophen
Lutz Wingert und dem Hirnforscher Wolf Singer über
den freien Willen, das moderne Menschenbild
und das gestörte Verhältnis zwischen Geistes-
und Naturwissenschaften*

DIE ZEIT: *Professor Singer, die Naturwissenschaft ist im Feuilleton
angekommen. Freut Sie das oder stimmt Sie das eher bedenklich?*

WOLF SINGER: Es freut mich. Ich bin allerdings nicht ganz zufrieden mit der Erstauswahl der Beiträge, wie sie etwa in der FAZ
abgedruckt wurden. In Fachkreisen sind diese Artikel sehr kritisch gesehen worden. Das meiste davon waren Spekulationen
im datenfreien Raum – und das gilt sowohl für die Beiträge zur
Gen- wie zur Nanotechnologie.

LUTZ WINGERT: Es ist gut, wenn naturwissenschaftliche Ergebnisse und fundamentale Hypothesen zur Diskussion gestellt,
wenn Chancen und Risiken offen diskutiert werden. Wir machen
die Erfahrung, dass die Verfügungsgrenzen über Leben, auch
über personales Leben immer weiter herausgeschoben werden.
Anscheinend lässt sich zwischen Natur und Kultur immer weniger danach unterscheiden, was vorgegeben und was gemacht ist.
Solche Entwicklungen werfen die Frage auf, was sie für das
Selbstbild des Menschen, überhaupt für unser Weltbild bedeuten.

– Geht es dabei nur um Wahrheit und Erkenntnis?

WINGERT: Nein, ich vermute, dass dahinter ein Stück Utopie-
politik steckt. Hinter der marktgetriebenen Technik kommt
plötzlich die Vision eines neuen Menschen zum Vorschein – ein
Projekt, das bisher eher linke Politik gekennzeichnet hat. Es ist
pikant, dass die Option auf Personenänderung nun im politisch
konservativen Feuilleton euphorisch diskutiert wird.

SINGER: Noch bedeutender scheint mir, dass Erkenntnisse der

Grundlagenforschung auch ohne Anwendungsbezug unser Menschenbild nachhaltig verändern. Mich erstaunt immer wieder, wie wenig so genannte kultivierte Kreise über naturwissenschaftliche Entwicklungen wissen. Das führt zu Akzeptanzproblemen in der Bevölkerung und erklärt die unkritische Begeisterung über utopische Feuilletonartikel.

– *Woher kommt das Jubilatorische?*

SINGER: Machbarkeitsfantasien faszinieren, weil sie die Hoffnung nähren, durch Technik Leiden abzuschaffen oder gar Unsterblichkeit zu erlangen. Die Botschaft aber, dass uns das gleiche Wissen zur Preisgabe für heilig gehaltener Domänen zwingt, weil es uns als Produkte eines ungerichteten evolutionären Prozesses darstellt, die wird nicht so gern gehört.

WINGERT: Es gibt vielleicht noch einen anderen Grund für das Interesse: Am Sozialen, an den Lebensformen entzünden sich gegenwärtig keine ungeduldigen Fantasien. Das Soziale interessiert nicht mehr sonderlich. Damit verbunden ist eine Abwertung der Soziologie, auch der Sozialphilosophie. Biologie und Ökonomie bilden die neuen Leitwissenschaften.

– *Seltsam ist doch, dass dabei Diskussionen aufbrechen, die seit Jahren in den wissenschaftlichen Milieus virulent sind. Aber erst seit der Sloterdijk-Debatte scheint sie ein Teil der Öffentlichkeit wahrzunehmen. Gibt es also doch die »zwei Kulturen«? Und hat die Philosophie diese Themen bis dahin versäumt?*

WINGERT: Dieser Eindruck täuscht. Es gab auch schon vor der Sloterdijk-Debatte viele Kollegen, die sich seit langem gründlich mit den ethischen Fragen der Gentechnik oder mit den konzeptuellen Folgen der künstlichen Intelligenz und der Möglichkeit syntaktischer Theorien des Geistes auseinander setzten. Die Irritierbarkeit von Philosophen durch die Empirie ist gestiegen. Das hat historische und sprachphilosophische Gründe.

SINGER: Wir Naturwissenschaftler sind durch die Eigendynamik unserer Forschung dazu gebracht worden, uns mit Fragen zu befassen, die traditionell von den Geisteswissenschaften behandelt wurden. Hirnforscher können Fragen nach der Natur von Erkenntnis, Empfindung, Bewusstsein oder dem freien Willen nicht mehr ausweichen. Die Philosophie sollte dabei die Rolle einer Metawissenschaft einnehmen.

– *Aber wenn Ihre Kollegen sagen, philosophische Weltdeutungen seien anachronistisch, weil sie vor der Hirnforschung nicht bestehen können, dann reklamiert die Naturwissenschaft ein Deutungsmonopol und wird selbst zur Metawissenschaft. Philosophen sind dann überflüssig.*

SINGER: Keineswegs, aber sie sollten noch irritierter sein, als Herr Wingert unterstellt. Wenn Neurobiologen Wahrnehmungsprozesse erforschen und erkennen, wie konstruktivistisch und zugleich wenig objektiv unsere Wahrnehmungen sind, und wenn sich ferner erweist, dass dies auch für die Prozesse gilt, die unserem Denken zugrunde liegen – dann muss das für jemanden, der davon ausgeht, dass man durch Nachdenken alleine zu verlässlicher Erkenntnis vorstoßen kann, irritierend wirken.

– *Woher kommt die Distanz der Philosophen zu den Naturwissenschaften?*

WINGERT: Dahinter steht eine bestimmte Auffassung vom Menschen: Der Mensch hebt sich als ein Wesen, das zum Nachdenken, zum Beurteilen und zum Verstehen von Bedeutungen fähig ist, aus der Natur heraus. Ein Großteil seiner Welt besteht aus sinnhaft konstruierten Gegenständen – wie Aussagen, Zehnmarkscheine oder politische Verfassungen. Solche Gebilde sind traditionsgemäß der Gegenstand geisteswissenschaftlicher Disziplinen. Die Naturwissenschaft dagegen untersucht sinnfreie Gegenstände. Da sehe ich einen grundlegenden Unterschied in der Beschreibungsebene.

SINGER: Ich stimme Ihnen zu. Diese sinnhaft konstruierten Gegenstände sind nur aus der Erste-Person-Perspektive erfassbar und scheinen sich dem naturwissenschaftlichen Zugriff zu entziehen, ähnlich wie das auch mentalen Phänomenen wie Empfindungen oder Bewusstsein unterstellt wird. Dennoch geraten diese nichtmateriellen Phänomene in den Blick der Naturwissenschaften. Nehmen wir z. B. das Heranwachsen von Kindern: In der Biologie können wir lückenlos die Entwicklung vom Einzeller bis zum Embryo beschreiben, und die Hirnforschung kann nachvollziehen, wie sich nach der Geburt die kognitiven Strukturen eines Kindes an die reale Welt und an das kulturelle Umfeld anpassen und von ihr geformt werden. Am Ende kommt ein Wesen heraus, das ab einem Alter von drei, vier Jahren »Ich« sagt, ein Bewusstsein und einen eigenen Willen entwickelt – Phänomene, die in der naturwissenschaftlichen Beschreibung eigentlich nicht mehr drin sind. Und dennoch ist die Evidenz zwingend, dass auch sie letztlich auf Hirnfunktionen beruhen.

– *Wie steht es mit den sozialen Phänomenen, die Herr Wingert ansprach, Verfassungen und Zehnmarkscheine?*

SINGER: Zur Erklärung der Emergenz sozialer Realitäten müssen lediglich zusätzlich Wechselwirkungen zwischen Gehirnen mitbetrachtet werden. Diese kommunikativen Prozesse, in denen sich kognitive Systeme gegenseitig bespiegeln und sich ihrer selbst vergewissern, werden bisher in der Hirnforschung nur wenig thematisiert. Im Prinzip sollte dem jedoch nichts im Wege stehen, da die interpersonellen Realitäten, die dieser Diskurs hervorbringt, natürlich wieder von Gehirnen wahrgenommen und erinnert werden wie andere Objekte der Wahrnehmung auch. Dennoch gibt es zwischen unserem subjektiven Erleben und der wissenschaftlichen Beschreibung der Hirnprozesse, die diesem Erleben zugrunde liegen, derzeit unüberbrückbare Konflikte. Wir erfahren uns als freie mentale Wesen, aber die naturwissenschaftliche Sicht lässt keinen Raum für ein mentales Agens wie den freien Willen, das dann auf unerklärliche Weise mit den Nervenzellen wechselwirken müsste, um sich in Taten zu verwandeln.

– *Wie löst der Hirnforscher diesen Konflikt?*

SINGER: Der Konflikt ist in meinen Augen derzeit nicht lösbar. Die zwei komplementären Beschreibungssysteme existieren auch im Hirnforscher alltäglich nebeneinander. Ich kann bei der Erforschung von Gehirnen nirgendwo ein mentales Agens wie den freien Willen oder die eigene Verantwortung finden – und dennoch gehe ich abends nach Hause und mache meine Kinder dafür verantwortlich, wenn sie irgendwelchen Blödsinn angestellt haben.

– *Ist die Vorstellung, frei zu sein, also nur ein illusionäres Konstrukt?*

SINGER: Ich halte sie für eine kulturelle Konstruktion. Sie ist, was ihren Einfluss auf unser Verhalten anlangt, ebenso real wie Glaubens- und Wertesysteme. Aber sie ist inkompatibel mit dem, was wir über die Funktion unserer Gehirne gelernt haben. Und dennoch beruht die Vorstellung, frei zu sein, auf Vorgängen im Gehirn. Sie muss sich also irgendwann im Laufe der kulturellen Evolution ausgebildet haben.

WINGERT: Freiheit ist doch nicht bloß eine Vorstellung! Sie ist auch ein Zustand, in dem ich mich als fähig erfahre, zu sagen: Das war ich! Das tue ich! Das heißt, ich kann dann ein Verhalten, das ein Beobachter mir als Organismus kausal zuordnet, auch als mein Handeln anerkennen; und zwar deshalb, weil es aus Gründen erfolgt, die ich als meine – schlechten oder guten – Gründe erkenne, und nicht bloß aus Ursachen, die in mir liegen. Und ich kann mich auch täuschen, frei zu sein. Dann sagen die anderen: Du rationalisierst bloß! Aber so kann man nur reden, wenn der Unterschied von bloßen Ursachen für Verhalten und rechtfertigenden Gründen fürs Handeln bestehen bleibt. Wie man diese beiden Sichtweisen aufs Handeln, auf etwas Physisches und auf etwas Sinnhaftes zusammenkriegt, ohne das Prinzip der kausalen Geschlossenheit für physische Phänomene zu verletzen, ist weiß Gott ein schweres Problem. Allerdings haben sich die Philosophen damit schon lange herumgeschlagen, Descartes und Kant eingeschlossen. Eine Voraussetzung dabei ist freilich, dass man eben nicht alles an Handlungen und, allgemeiner: von der Wirklichkeit in den Blick bekommt, wenn man sie bloß unter dem Aspekt der physischen Phänomene beschreibt.

– *Hätten also die Unterschiede zwischen den Natur- und Geisteswissenschaften auch eine Ursache in den verschiedenartigen Untersuchungsgegenständen?*

WINGERT: Ja! Lassen Sie mich dies an einem bekannten Beispiel von Hilary Putnam illustrieren: Stellen Sie sich vor, eine Ameise kriecht im Sand herum, und die Kurven und Linien, die sie zieht, bilden eine Figur, die eine Karikatur von Winston Churchill ist. Wir sagen intuitiv, die Ameise hat keine Karikatur gezeichnet. Warum nicht? Natürlich, sie hatte keine Absicht. Sie verbindet keinen Gedanken, keine Darstellungsabsicht mit ihren Bewegungen. Die Naturwissenschaftlerin nun, die sich den Gegenständen der Geisteswissenschaften zuwendet, will sinnhaft konstituierte Gegenstände mit ihren Mitteln untersuchen – also mit denselben Mitteln, mit denen sie Ameisen untersucht. Die Frage ist aber, ob das geht, ohne dass die Gegenstände unter diesem Zugriff einfach verschwinden. Wenn das möglich wäre, dann geriete die gegenstandsbezogene Unterscheidung zwischen Natur- und Geisteswissenschaften tatsächlich ins Schwimmen. Aber warum will man eigentlich sinnhafte Bereiche unbedingt mit einem Vokabular beschreiben, mit dem man bislang sinnfreie Gegenstände beschrieben hat? Weil man, wieder einmal, eine Einheitswissenschaft will?

SINGER: Es ist uns doch vertraut, dass bei reduktionistischen Beschreibungsversuchen die Explananda, die zu erforschenden Phänomene, häufig in anderen, höheren Beschreibungssystemen definiert werden als die zu ihrer Erklärung herangezogenen elementaren Prozesse. Denken Sie an die Erklärung von Verhaltensleistungen und psychischen Phänomenen durch neuronale Prozesse. Vielleicht verhält es sich nicht anders, wenn die Explananda sinnhafte Gegenstände sind.

– *Also hätte das Sinnhafte eine materielle Basis?*

WINGERT: Die materielle Basis bestreite ich gar nicht. Wir müssen aber zwei Fragen genau auseinander halten. Sie, Herr Singer, sagen, dass alle mentalen Phänomene nicht ohne unser evolutionär erklärbares Gehirn möglich sind, salopp gesagt: »Nichts ohne mein Gehirn«. Aber wie unterscheiden wir diese Feststellung von der problematischeren Behauptung »Nichts anderes als mein Hirn«? Das ist die entscheidende Frage. Um die von Ihnen beschriebenen neuronalen Korrelate für Sinngehalte überhaupt erst identifizieren zu können, brauchen Sie doch zunächst das Wissen um die symbolischen Bedeutungen, die diese Sinngehalte ausmachen.

– *Zum Beispiel?*

WINGERT: Nehmen wir ein sinnhaft konstituiertes Gefühl wie Entrüstung. In einer streng naturwissenschaftlichen Betrachtungsweise könnte ich vermutlich feststellen, dass jemand, der sich entrüstet, in einem hirnphysiologischen Erregungszustand ist, aber ich könnte diesen wohl kaum von dem eines Menschen unterscheiden, der bloße Wut hat. Wut und Entrüstung unterscheiden sich aber. Bei Entrüstung ist immer der Gedanke mit im Spiel, dass etwas unrecht ist.

SINGER: Da würde der Neurophysiologe entgegnen: Natürlich müssen sich die Hirnzustände unterscheiden, die Entrüstung und Wut zugrunde liegen, sonst wären diese Emotionen nicht zu unterscheiden.

WINGERT: Aber wohl nur unter einer Prämisse, glaube ich. Unter der, dass Sie den jeweiligen Hirnzustand als das neuronale Korrelat eines symbolischen Gehalts, eines Gedankens, identifizieren können.

SINGER: Ich sehe hier keine prinzipiellen Hindernisse. Kein Gedanke ohne Substrat. Auch wertende Zuschreibungen müssen ihr neuronales Korrelat haben.

WINGERT: Einverstanden, kein Gedanke ohne Substrat. Aber ist der Gedanke nichts anderes als ein Substrat? Ein Gedanke ist ein Gebilde mit semantischen Eigenschaften. Das heißt, ein Gedanke kann wahr oder falsch sein, richtig oder sinnlos. Hirnzustände können das nicht.

SINGER: Da der Gedanke Folge neuronaler Prozesse ist, unterscheidet er sich natürlich von diesen. Dennoch gilt, dass unterschiedlichen Gedanken verschiedene neuronale Aktivitätsmuster zugrunde liegen. Ich glaube, das Problem kommt daher, dass wir Menschen zugleich Produkte einer biologischen und einer kulturellen Evolution sind. Allem, was begrifflich trennbar ist, müssen unterschiedliche Gehirnzustände entsprechen. Aufgrund unserer kulturellen Prägung erfahren wir die nicht greifbaren Gebilde, die erst im zwischenmenschlichen Diskurs entstehen, genauso als Realitäten wie die greifbaren Objekte. Wir sind Zwitterwesen, in denen sich biologische und kulturelle Bedingtheiten gleichberechtigt mischen.

WINGERT: Keine Frage. Ich sehe jedoch nicht, wie sich semantische Gebilde – Gedanken, Behauptungen und so weiter – naturalisieren lassen, ohne dass die Naturwissenschaftler nicht ständig auf das Vokabular zurückgreifen müssten, das die Geisteswissenschaftler bereitstellen.

SINGER: Sofern es sich bei den zu erklärenden Hirnleistungen um mentale Funktionen handelt, müssen wir natürlich zu ihrer Definition auf das Vokabular der Geisteswissenschaften zurückgreifen. Wir wollen aber nicht die eine Sprache durch die andere ersetzen, sondern Phänomene, die in Ihrem Beschreibungssystem erfasst sind, durch Prozesse erklären, die in naturwissenschaftlichen Beschreibungssystemen darstellbar sind. Wir können doch menschliches Verhalten nicht einfach in der Sprache der Neuronen oder Gene ausdrücken …

– Nach der Entschlüsselung des Genoms meinten aber manche schon: Endlich ist die einzig wahre Sprache, die »Rechtschreibung des Lebens« entziffert.

SINGER: Das ist Unsinn. Wer solches denkt, verkennt, dass sich die Bedeutung von Texten nicht allein aus der Kenntnis der Buchstaben ableiten lässt, und ignoriert den prägenden Einfluss des kulturgeschichtlichen Umfelds.

– Wollen Sie bestreiten, dass die Entzifferung des Humangenoms einen Schlüssel zur Erklärung menschlichen Verhaltens bietet?

SINGER: Natürlich ist unser Sosein biologisch bedingt. Denken Sie an die Möglichkeit, Tiere mit bestimmten Verhaltensdispositionen – etwa Ratten, die so aggressiv sind, dass sie sich gegenseitig totbeißen – durch gezielte Kreuzung zu züchten. Biologische Bedingtheiten von Verhalten zu leugnen wäre töricht. Genauso töricht wäre es allerdings, die kulturellen Bedingtheiten zu leugnen. Die genetische Ausstattung eines Menschen aus der Steinzeit ist von unserer nicht sehr verschieden. Sein Verhalten, sein Denken, seine Vorstellungen von Raum und Zeit dürften jedoch ganz anders gewesen sein. Daran sehen Sie den dominanten Einfluss der Kultur.

WINGERT: Ist das aber nicht ein Argument, das man auch gegen Sie wenden könnte? Müssen Naturwissenschaftler, die sich mit sinnhaften Gegenständen beschäftigen, nicht doch von einem Wissen Gebrauch machen, das sie nicht als Naturwissenschaftler erwerben und über das sie als solche auch nicht Auskunft geben können?

SINGER: Natürlich, ich benutze Ihre Sprache, um Phänomene zu definieren, die ich mit meiner Sprache erklären will. Ich suche neuronale Korrelate für das Verhalten von Menschen, und das schließt mentale und psychische Phänomene mit ein. Ich sehe da keinen Kategorienfehler.

– *Herr Wingert, sind die Philosophen blind für diese biologischen Bedingtheiten?*

WINGERT: Aber nein. Wir sind ja auch ein Produkt der Naturgeschichte. Aber damit sind die kategorialen Schwierigkeiten keineswegs vom Tisch. Die Frage ist doch, ob wir den Menschen auch als ein urteilendes und wertendes Wesen – und nicht nur in seiner organischen Existenz – als Teil der Natur auffassen können. Können wir den Menschen komplett, wie andere Teile der Natur auch, allein mit den Mitteln der disziplinierten Naturbetrachtung beschreiben? Oder verschwindet unter dieser Beschreibung nicht doch ein zentrales Element von uns, nämlich all das, was mit der Fähigkeit zur Metarepräsentation und zur Selbstkritik zu tun hat? Ich glaube, ja. Gewiss, wir sind kein Kopf ohne Welt, wir sind mit unserem Denken und Handeln in der Welt. Aber die Wirklichkeit ist nicht bloß die Natur, sondern alles, was unverfügbar ist.

– *Aber wenn es für die Naturwissenschaft anscheinend keine kategoriale Schwierigkeit gibt, auch kulturelle Phänomene zu erklären, was bleibt dann noch der Geisteswissenschaft?*

WINGERT: Zwischen Absichtserklärungen und Realisierung klafft ja noch eine große Lücke. Bis es den Evolutionstheoretikern gelingt, die ganze Palette der moralischen Verhaltensweisen des Menschen zu erklären, vergeht schon noch eine ganze Weile. Auch möchte ich die Evolutionsbiologie sehen, der es gelingt, den Lernprozess einer ganzen Gesellschaft zu erklären, der etwa mit der Aufstellung demokratischer Verfassungen verbunden ist. Ob das geht, wenn man einen naturwissenschaftlichen Begriff von Lernen zugrunde legt, bezweifle ich doch sehr. In der Evolutionsbiologie meint »Lernen« ja vor allem eine nützliche Verhaltensveränderung durch Anpassung an Umweltbedingungen. Mit einem geisteswissenschaftlichen Lernbegriff hingegen wird eine nützliche Verhaltensänderung beschrieben, die durch Reflexion, durch Nachdenken, durch Kritik und Gegenkritik zustande kommt. Dieses Lernen ist etwas fundamental anderes. Demokratische Verfassungen sind historische Lernprozesse, die im Medium einer normativen Auseinandersetzung verlaufen und nicht im Medium eines sinnfreien Anpassungs- und Selektionsvorganges.

SINGER: Dieses Problem tritt doch nur auf, wenn man kritiklos annimmt, die Gesetze der biologischen und kulturellen Evolution seien die gleichen; wenn man evolutionäre Prinzipien, wie sie in der vorkulturellen Welt geherrscht haben, allein zur Erklärung unseres jetzigen Zusammenlebens heranzieht. Solche Anfangsfehler haben die Soziobiologie und evolutionäre Psychologie leider vorübergehend in Verruf gebracht.

– *Also doch wieder zwei Kulturen …*

SINGER: Nein. Ich kann mir durchaus vorstellen, dass sich ein Anthropologe mit Kulturgeschichte befasst, um die Unterschiede zwischen biologischer und kultureller Evolution zu erforschen. Die kulturelle Evolution beruht wesentlich darauf, dass Menschen zu Lebzeiten erworbenes Wissen an die Nachfahren weitergeben können und dabei nicht nur Techniken, sondern auch Sinnzuschreibungen vermitteln – das hat es in der biologischen Evolution nicht gegeben. Warum soll sich ein Evolutionsbiologe nicht mit solchen kulturellen Lernprozessen beschäftigen und deren soziale wie neuronale Mechanismen erforschen? Ich sehe da keine kategorialen Fachgrenzen.

– *Das hieße: Die Grenzen der Bereiche, die angeblich den Naturwissenschaften unzugänglich sind, lösen sich mehr und mehr auf.*

SINGER: So sehe ich es.

WINGERT: Die Durchlässigkeit der Grenzen geht doch nur in eine Richtung. Oder wo gibt es einen Import genuin kulturwissenschaftlicher Begrifflichkeit in die Naturwissenschaften?

SINGER: Wenn wir das neuronale Korrelat von komplexen Verhaltensleistungen suchen, z. B. von Sprachstrukturen oder von Intentionalität, dann nutzen wir Ihre Begrifflichkeiten zur Definition der zu erklärenden Phänomene. Es gibt jedoch tatsächlich erhebliche Unterschiede in der Vorgehensweise. Kulturwissenschaftler suchen nach dem, was war oder ist, sie sichern und deuten. Das Bedürfnis, immer wissen zu wollen, wie Dinge verursacht sind – also die Warum-Frage zu stellen, wie Naturwissenschaftler das tun –, dieses Bedürfnis haben die Kulturwissenschaften offenbar weniger.

WINGERT: Das hat ganz einfach mit den unberechenbaren Akteuren zu tun, die sich sehenden Auges nicht immer an die zugeschriebenen kausalen Mechanismen oder an die Physik der Sitten halten. Warum reagiert die amerikanische Gesellschaft mit dem New Deal auf dieselbe Wirtschaftskrise, auf die die deutsche Gesellschaft mit dem Faschismus reagiert? Dafür kann man vielleicht einige notwendige Bedingungen finden, aber wohl kaum gesetzförmige Kausalbeziehungen.

SINGER: Aber wir haben doch dasselbe Problem. Warum etwa gab es das große Artensterben? Auch wenn wir nicht herausfinden sollten, was die wahren Ursachen waren, haben wir wenigstens kompetitive Theorien entwickelt. Nur zu sagen: Damals hat sich die Fauna eben stark verändert – das wäre uns nicht genug.

WINGERT: Das ist nicht der Punkt. Wir haben auch in den Geisteswissenschaften kausale Erklärungen. Aber ein experimenteller Test dafür ist oft kaum zu haben. Zum Teil auch deshalb nicht, weil die Erklärungen Effekte auf die zu erklärenden Gegenstände haben. Die Proteine einer Zelle übernehmen in ihrem Verhalten keine Erklärung, auch nicht die nobelpreisgekrönte Signalhypothese von Günter Blobel. Der Angeklagte übernimmt in seinem Verhalten vor Gericht aber vielleicht schon eine Theorie über ihn wie die Theorie von der sozialen Verelendung als Kriminalitätsursache, um sein abweichendes Verhalten zu rechtfertigen. Und wenn er das tut, dann ist er nicht mehr ganz der ursprüngliche Typ von Normverletzer, den die Theorie zu erklären versucht.

– *Heißt das, wir müssen die Hoffnung auf große Welterklärungen aufgeben?*

WINGERT: Natürlich gibt es auch in den Geisteswissenschaften Erklärungen, aber man relativiert sie und macht daraus keine

Meistererzählung. Außer Leute wie Peter Sloterdijk und Erich von Däniken – die machen Meistererzählungen, sind aber von keiner empirischen Gründlichkeit getrübt. Niemand außer Sloterdijk traut sich zu, die Menschheitsgeschichte zu erzählen und Abfolgen zu erklären. Warum? Weil das einfach unseriös ist aufgrund der Überkomplexität.

SINGER: Sie haben es natürlich schwerer. Aber das ist noch kein Grund, einen kategorialen Unterschied anzunehmen. Wenn wir uns einig sind, dass die Denkweise der Geistes- und Naturwissenschaftler dieselbe ist – und das muss sie ja sein, es sind ja die gleichen Menschen –, dann kann es diesen Unterschied doch nicht geben. Früher hieß es: Dort, wo es anfängt zu menscheln, sind die Naturwissenschaftler nicht mehr zuständig. Das ändert sich jetzt. Die Naturwissenschaftler brechen aus diesem verordneten Ghetto aus und beginnen – wenn auch oft noch ungeschliffen und ungeschult – über Themen nachzudenken, die bisher den Kulturwissenschaften vorbehalten waren. Die Kulturwissenschaftler sollten sich aber nicht sorgen, dass dabei Territorien übernommen werden – das geht schon aus Zeitgründen nicht.

– Andererseits sagen Sie, Herr Singer, die Hirnforschung habe fundamentale Konsequenzen für unser Menschenbild, besonders unseren Freiheitsbegriff. Dann ist es doch vorbei mit der Autonomie der Geisteswissenschaften.

SINGER: In der Tat gibt es hier Konflikte. Die Annahme zum Beispiel, wir seien voll verantwortlich für das, was wir tun, weil wir es ja auch hätten anders machen können, ist aus neurobiologischer Perspektive nicht haltbar. Neuronale Prozesse sind deterministisch. Gibt man der nichtsprachlichen Hirnhälfte einen Befehl, führt die Person diesen aus, ohne sich der Verursachung bewusst zu werden. Fragt man dann nach dem Grund für die Aktion, erhält man eine vernünftige Begründung, die aber mit der eigentlichen Ursache nichts zu tun hat. Wir handeln und identifizieren die vermeintlichen Gründe jeweils nachträglich. Dieses Wissen muss Auswirkungen haben auf unser Rechtssystem, auf die Art, wie wir Kinder erziehen und wie wir mit Mitmenschen umgehen. Und wenn Sie im Kernspintomografen sehen, wie sich im Gehirn eines halluzinierenden Menschen selbst erzeugte Erregung aufbaut, die der Mensch als Folge eines realen Ereignisses deutet, dann wird man großzügiger gegenüber den Berichten über Erlebtes. Man muss Menschen konzedieren, dass sie nach bestem Wissen und Gewissen aussagen und sich nicht gewahr sind, dass dies in den Augen von Beobachtern als illusionär oder nicht zutreffend gesehen wird.

WINGERT: Aber Sie dürfen in Ihrem Bericht nicht den Experimentator vergessen, der mit Gründen umsichtig agiert. Sie dürfen auch nicht die Psychologen und Richter vergessen, die nach der Aufklärung der wahren Beweggründe trachten und sich dann um verantwortliche Entscheidungen nach bestem Wissen bemühen. Die Frage ist, ob Sie Ihre These verschärfen wollen zu der Behauptung, wir könnten unser Verhalten, auch das reflektierende und forschende, vollständig erklären, ohne dass die erklärenden Gründe auch rechtfertigende Gründe sind. Und das, meine ich, funktioniert nicht.

SINGER: Ich will's noch mal polemischer formulieren. Eine Ameisenkolonie erscheint uns als geschlossenes System, in dem alles voneinander abhängt. Die einzelnen Ameisen tun das, was sie tun, weil sie von allen anderen über vielfältige Signale dazu veranlasst werden. Nun könnte man sich ja vorstellen, das sei bei uns Menschen genauso, nur dass das Geflecht der Determinanten unendlich viel komplexer ist. Könnten wir uns von einer höheren Warte aus betrachten, würden wir feststellen: Wir tun dies oder jenes, weil diese oder jene Faktoren uns dazu veranlassen. Zu diesen Determinanten zählen natürlich unsere Erfahrungen, unsere Überlegungen, die aber allesamt ein neuronales Korrelat haben. Da wir – auf unserer Ebene – aber diese Vielzahl der uns beeinflussenden Parameter nicht überblicken können, uns dessen aber nicht bewusst sind, liegt es nahe, unseren Handlungen Absicht zu unterstellen, uns Intentionalität und somit Freiheit zuzuschreiben.

– *Nichts muss einen Kulturwissenschaftler mehr provozieren als diese Naturalisierung …*

SINGER: Ja, das muss jeden Menschen umtreiben, nicht nur den

Kulturwissenschaftler. Wir sind gespalten zwischen dem, was wir aus der Erste-Person-Perspektive über uns wahrnehmen, und dem, was uns wissenschaftliche Analyse aus der Dritte-Person-Perspektive über uns lehrt. Wir müssen in beiden Welten gleichzeitig existieren. Trotzdem vermute ich, dass wir irgendwann eine Metasprache finden werden.

WINGERT: Ich bin skeptisch gegenüber der Möglichkeit und Leistungsfähigkeit einer Metasprache. Eine solche Sprache müsste es uns erlauben, zugleich in zwei Einstellungen über uns stimmig zu reden: aus der Perspektive einer ersten Person, in der jemand etwas erlebt, sowie aus der Perspektive einer dritten Person, in der jemand beobachtet und erklärt. In einer solchen Metasprache könnte man aber nur die halbe Wahrheit über uns sagen. Denn das Normative fällt nicht mit dem Psychischen der ersten Person zusammen, ebenso wenig, wie die Logik mit der Psychologie zusammenfällt. Und es ist auch nicht mit beobachteten Regelmäßigkeiten identisch.

An das Normative kommt man in einer anderen als der rein erlebenden oder bloß beobachtenden Perspektive heran – nämlich in einer Einstellung, in der wir uns als Gegenüber, als zweite Person, begegnen; in der wir uns nicht bloß als Teile einer Umwelt wahrnehmen, mit der wir rechnen müssen. Wir behandeln uns als zweite Personen, wenn wir andere zu etwas auffordern oder wenn wir versuchen, überlegt, mit Gründen zusammen zu handeln. Natürlich brauchen wir im Rahmen dieser Einstellung ebenso die einfühlende Perspektive wie auch den kalten, objektivierenden Blick des Beobachters auf uns. Aber die ernüchternden oder gar entlastenden Erklärungen eines solchen Beobachters, auch über unsere Natur, bleiben im Dienst einer normativen Begründungsbemühung, herauszufinden, was besser für uns ist. Diese Bemühung lässt sich kaum in der genannten Metasprache artikulieren.

– *Mit solchen Komplikationen scheinen sich heute nur noch wenige befassen zu wollen. Vielmehr spürt man eine Sehnsucht nach neuer Einheit, nach einem neuen Weltbild, das nun die Naturwissenschaften liefern sollen.*

SINGER: Ich glaube, dass die Kulturwissenschaften viele der rezenten Einblicke nicht wahrgenommen oder zumindest nicht kommentiert haben. Es hat noch nie innerhalb so kurzer Zeit so viel Veränderung in unserem Wissen über die Welt gegeben. Doch von den Geistes- und Kulturwissenschaften kommt dazu kaum ein Kommentar. Allenfalls Bedenken, kein Versuch der Neuordnung. Und so machen sich die Naturwissenschaften auf, das unbesetzte Terrain selbst zu bearbeiten. Zugegeben, oft warten sie dabei mit zu simplistischen Erklärungen auf. Die Gesetze der biologischen Evolution sind halt andere als die der kulturellen Evolution.

– *Dennoch greift der Glaube an die Allmacht der Gene um sich. Manche Pädagogen, die es mit schwierigen Fällen zu tun haben, sagen einfach: Das sind die Gene.*

SINGER: Dieser Fatalismus ist fatal und verkennt, dass die Ausbildung von Hirnfunktionen ganz wesentlich von Erfahrung und Lernen mitbestimmt wird. Lehrer und Erzieher verantworten nicht nur die Weitergabe kultureller Inhalte, sondern prägen Verhalten für ein Leben. Ihre Bedeutung kann gar nicht hoch genug eingeschätzt werden.

WINGERT: Jetzt rücken Sie von einer deterministischen Position ab.

SINGER: Nein, auch die kulturelle Umwelt determiniert. Das Gehirn ist ein offenes, prägbares System.

WINGERT: Das Hirn ist also kein Computer …

SINGER: Diese Analogie ist gründlich zerstört. Das haben nur viele noch nicht gemerkt. Wir erkennen erst jetzt, dass wir es mit einem komplexen dynamischen System zu tun haben, für dessen Analyse wir noch längst nicht alle Werkzeuge zur Verfügung haben. Wir sind auf einer höheren Ebene wieder ganz am Anfang. Und das ist sehr, sehr tröstlich.

Das Streitgespräch zwischen Lutz Wingert und Wolf Singer erschien am 7. Dezember 2000 in der Wochenzeitung *Die Zeit*. Das Gespräch wurde von Thomas Assheuer und Ulrich Schnabel moderiert.

Das Ende des freien Willens?

SPEKTRUM DER WISSENSCHAFT: *Herr Professor Singer, war es Ihr freier Wille, uns hier und jetzt ein Interview zu geben?*

WOLF SINGER: Ich fürchte nein, und die Bedingtheiten kennen Sie: Dem Gespräch gingen Telefonate voraus und dann gewisse kognitive Prozesse in meinem Gehirn, die letztlich dazu führten, dass ich zugesagt habe, das Interview zu führen.

– Ihr Kollege, der Hirnforscher Gerhard Roth, hat unlängst in einem Spektrum-*Interview die Behauptung gewagt, unser freie Wille existiere eigentlich gar nicht und sei nur eine nützliche Illusion. Wie denken Sie darüber?*

– Die Frage des freien Willens ist eine der wichtigsten, die gegenwärtig an der Berührungsfläche zwischen Natur- und Kulturwissenschaften diskutiert werden. Das Problem ist, dass wir als Naturwissenschaftler bei der Beschreibung unserer Forschungsobjekte stets aus der Dritte-Person-Perspektive urteilen: Untersuchungsgegenstand und Untersuchender sind nicht identisch. Bei der Suche nach den neuronalen Grundlagen psychischer Phänomene wie Bewusstsein oder freier Wille untersucht der Forscher sich jedoch selbst – betrachtet Phänomene aus der Dritte-Person-Perspektive, die er zugleich aus der Ich-Perspektive der ersten Person wahrnimmt.

– Wo liegt das Problem?

– Wir finden weder sinnhafte Zuschreibungen noch kulturelle Konstrukte in unserem Forschungsobjekt, dem Gehirn.

– Bitte konkretisieren Sie das!

– Ich meine Phänomene wie Intentionalität, also das absichtsvolle Handeln oder eben den so genannten freien Willen. Denken Sie aber auch an soziale Realitäten wie z. B. Wertesysteme! Diese Phänomene erschließen sich nur der subjektiven Erfahrung, gehören aber dennoch zu den erforschbaren Wirklichkeiten. Wir empfinden uns als »frei«, wir handeln auch danach, ja ziehen Menschen sogar zur Verantwortung, weil wir annehmen, sie seien »frei«. Diese Konzepte haben auch insofern den Status von Realitäten, als sie sehr wirksam sind. Sie bestimmen unser Handeln, bestimmen unser Rechtssystem, unsere Erziehungsweisen.

– *Leidet die Hirnforschung also an einer Art Messproblem?*

– An einem Problem der Unvereinbarkeit verschiedener Beschreibungssysteme, würde ich sagen. Das ist mehr als ein Messproblem. Wir beschreiben die Phänomene, die ich gerade angesprochen habe, in der subjektiven Erste-Person-Perspektive. Anders sind sie gar nicht fassbar. In der Dritte-Person-Perspektive der naturwissenschaftlichen Beschreibungsweise existieren diese Phänomene nicht.

– *Nur ich erlebe, dass ich etwas Bestimmtes tun will, aber niemand anders …*

– Niemand anders außer Ihnen. Zugriff auf die Empfindungen und Bewertungen des Gegenübers erhalte ich nur indirekt mit Hilfe einer Theorie des Geistes.

– *Das bedeutet?*

– Lassen Sie mich dazu etwas ausholen! Tiere können sich im Allgemeinen nicht vorstellen, was im Kopf des anderen Tieres vor sich geht, wenn dieses sich in einer bestimmten Situation befindet. Selbst hoch entwickelte Tiere können dies nur dann, wenn das beobachtete Tier seine Stimmung zu erkennen gibt. Wenn Schimpansen einen Artgenossen in Wut sehen, dann wissen sie: Jetzt ist er wütend. Aber wenn sie einen anderen Schimpansen still sitzen sehen, der eine Spinne sieht und offenbar gar nicht darauf reagiert, dann können die sich nicht vorstellen, dass er Angst hat und nur deshalb ruhig sitzen bleibt, weil er vortäuschen will, keine Angst zu haben. Allein wir Menschen können solche Interpretationsleistungen erbringen. Nur wir können uns vorstellen, was im anderen vorgehen könnte, wenn er sich in einer bestimmten Situation befindet. Wir sprechen von der Fähigkeit, eine Theorie des Geistes aufzustellen.

– *Können Sie mit einer Theorie des Geistes Zugriff auf die individuelle Eigenempfindung eines anderen Menschen erlangen?*

– In gewisser Weise ja. Ich nehme an, dass Sie so empfinden wie ich. Ich schreibe Ihnen Freiheit zu, weil ich sie selbst in der ersten Person empfinde, und ich beurteile Sie entsprechend. Aber keinen der entsprechenden Inhalte bekomme ich aus der Dritte-Person-Perspektive zu fassen.

– *Was ist bei der Frage nach dem freien Willen das Kernproblem?*

– Das wesentliche Problem ist, dass wir annehmen, das Verhalten von ganz einfachen Organismen – Plattwürmern oder Schnecken etwa – lückenlos im Rahmen unserer naturwissenschaftlichen Beschreibungssysteme erklären zu können. Das bedeutet, wir können Verhalten auf neuronale Prozesse zurückführen. Niemand wird gegenwärtig bezweifeln, dass es möglich ist vorauszusagen, was ein Wurm als Nächstes tun wird, wenn die Gesamtheit aller Erregungszustände der Nervenzellen des Tieres messbar wäre.

– *Ist das denn schon Stand der Forschung?*

– Bei ganz einfachen Tieren – oder sagen wir besser: Nervensystemen – ist das schon fast möglich.

– *Sie meinen, Sie haben es vielleicht noch nicht ganz erreicht, aber bald?*

– Wir glauben zumindest, dass es prinzipiell möglich ist. Wir müssen dazu nur technische Probleme überwinden, die mit der Komplexität der Vorgänge und den Messinstrumenten zu tun haben.

– *Und wo liegt nun die Schwierigkeit?*

– Die Schwierigkeit liegt darin, dass wir unsere Evolutionstheorien für zutreffend halten und viele Hinweise dafür haben, dass sich die Herausbildung komplexer Organismen tatsächlich so vollzogen hat, wie es in Darwins Theorie dargestellt wird. Wir gehen also davon aus, dass bei der Evolution der Arten alles »mit rechten Dingen« zugegangen ist und dass sich die Ausbildung neuer, höherer Verhaltensleistungen ausschließlich der Entwicklung immer komplexerer Nervensysteme verdankt. Diese Entwicklung beruht wiederum ausschließlich auf Prozessen, die vollständig in der Dritte-Person-Perspektive beschreibbar sind. Mit anderen Worten: In der Kette von Ereignissen, die zur Ausbildung komplexer Organismen – letztlich zum Menschen – geführt hat, gibt es nirgends Sprünge. Ich muss keine Agenten …

–... *keinen Gott ...*

–... keine Agenten postulieren, die in der wissenschaftlichen Dritte-Person-Perspektive nicht darstellbar wären. Und dennoch entstehen offenbar aus der Wechselwirkung der auf diese Weise entstandenen komplexen Organismen Phänomene, die nicht mehr in dem Beschreibungssystem vorkommen, das erklärt, wie sich diese Organismen entwickelt haben. Der so genannte freie Wille ist dafür eines der faszinierenden Beispiele.

– *Andererseits verfügen wir Menschen aber doch über unser eigenes Erleben als Beschreibungssystem. Das eigene Erleben ist für uns selbstverständlich: Kein Mensch hält es für problematisch, dass er sich selbst erlebt und dass er ein Bewusstsein hat und dass er etwas Bestimmtes tun oder lassen will.*

– Genau in diesem individuellen Erleben erfahren wir uns als »frei«. Und daraus ergibt sich der Konflikt. Aus einem Entwicklungsprozess, der sich lückenlos aus der Dritte-Person-Perspektive mit naturwissenschaftlichen Termen beschreiben lässt, gehen Phänomene hervor, die in diesem Beschreibungssystem nicht mehr vorkommen. Letztere werden durch subjektives Erleben erfasst und im zwischenmenschlichen Diskurs thematisiert. Und wie gesagt, es handelt sich auch hierbei um etwas Reales: um erlebbare soziale Realitäten.

– *Stößt hier die Naturwissenschaft an ihre Grenze?*

– Just an diesem Punkt entzündet sich die heftige Debatte: Kann Naturwissenschaftlern überhaupt zugetraut werden, sich auch zu diesen, eigentlich nur in der Erste-Person-Perspektive fassbaren Realitäten zu äußern? Die einen meinen, es sei möglich. Dies sind meist Naturforscher, die für die Einheit der Wissenschaft plädieren. Die anderen – meist Kulturforscher – behaupten, hier würden Kategorien-Fehler gemacht, und das Vorhaben einer Einheitswissenschaft sei prinzipiell nicht realisierbar.

– *Und wo stehen Sie?*

– Ich denke, dass hier nichts anderes vorliegt als in allen anderen Situationen, in denen man zwischen verschiedenen Beschreibungssystemen hin und her wechselt. Das ist uns doch geläufig, gerade innerhalb der Naturwissenschaften. Sehr oft sind Phäno-

27

mene, die es zu erklären gilt, in anderen Beschreibungssystemen erfasst als die elementaren Prozesse, die den jeweiligen Phänomenen zugrunde liegen.

– *Können Sie bitte ein Beispiel nennen?*

– Die Verhaltensleistung eines höher organisierten Tieres wird in Begriffen beschrieben, die zunächst in der Neurobiologie nicht vorkommen. Wir sprechen beispielsweise von »Aufmerksamkeit«, wir sagen, ein Tier sei jetzt »aufmerksam«, oder das Tier lenkt seine »Aufmerksamkeit« auf einen bestimmten Reiz. Wir benutzen zur Definition einer kognitiven Leistung, deren neuronales Substrat wir erklären wollen, Begriffe, die wir Beschreibungssystemen entlehnen, die wir aus der Ersten-Person-Perspektive heraus entwickelt haben. In diesen Beschreibungssystemen kommen Neuronen naturgemäß nicht vor.

– *Sie legen hier also eine Theorie des Geistes zugrunde.*

– Richtig: Ich identifiziere Phänomene, die ich nur erkennen kann, weil ich über subjektive Erfahrungen verfüge und über die Fähigkeit, deren Inhalte sprachlich zu fassen. Damit bin ich in der Lage, kognitive Leistung zu definieren, für die ich dann aus der Dritte-Person-Perspektive neuronale Korrelate suchen kann, also Korrelate, die in naturwissenschaftlichen Beschreibungssystemen darstellbar sind.

– *Das wird aber sehr schwierig sein.*

– Erstaunlicherweise nicht. Im Gehirn von Affen und anderen Säugetieren finden sich Strukturen, die selektiv aktiv werden, wenn das Tier seine Aufmerksamkeit steigert oder auf bestimmte Inhalte lenkt. Es lässt sich sogar bestimmen, auf welchen Sinneskanal oder auf welchen Inhalt das Tier seine Aufmerksamkeit jeweils gerichtet hat. Wenn das Tier seine Aufmerksamkeit auf ein bestimmtes Objekt lenkt, werden Nervenzellen, die auf dieses Objekt reagieren, stärker aktiv oder synchronisieren ihre Antworten. Ganze Gruppen von Nervenzellen schließen sich zu synchron oszillierenden Ensembles zusammen, wenn die Inhalte, die sie codieren oder vermitteln, mit Aufmerksamkeit belegt werden. Auch gibt es im Gehirn Nervenzellen, die nur dann aktiv werden, wenn das Tier wach und aufmerksam ist.

– *Sie haben soeben nur von einem »Korrelat« zwischen dem individuell erfahrbaren Zustand »aufmerksam« und bestimmten neuronalen Mustern im Gehirn gesprochen. Gibt es keine kausalen Zusammenhänge zwischen den Gehirnprozessen, die Sie als Wissenschaftler aus der Dritte-Person-Perspektive beschreiben, und dem Phänomen »Aufmerksamkeit«, das der Erste-Person-Perspektive entstammt?*

– Doch, das sind ja kausale Beziehungen. Es ist nur schwierig, diese zu beweisen.

– *Ah, jetzt wird es spannend!*

– Man kann durchaus neuronale Strukturen angeben, die für Aufmerksamkeitsprozesse verantwortlich sind. Die besten Beispiele dafür kommen aus der Klinik: Wenn bestimmte Strukturen des Gehirns zerstört werden, sind die Patienten nicht mehr in der Lage, ihre Aufmerksamkeit auf bestimmte Bereiche ihrer Wahrnehmungswelt zu richten. Häufig betrifft das dann Körperregionen oder einen Teil des Gesichtsfeldes. Das Gleiche kennen wir aus Tierversuchen. Wenn bestimmte Hirnstrukturen vorübergehend inaktiviert werden – durch Kühlung zum Beispiel – kommt es zu selektiven Aufmerksamkeitsdefiziten, die zu den gleichen Verhaltensänderungen führen wie beim Menschen. Auf diese Weise lässt sich eine direkte Ursache-Wirkung-Beziehung herstellen.

– *Das heißt, Sie kennen die materielle Ursache des Erlebens?*

– In diesem Fall kennen wir die materielle Ursache für das Vermögen, Aufmerksamkeit auf bestimmte Inhalte zu richten – und daraus folgend für das Vermögen, diese Inhalte »bewusst« wahrzunehmen, im Gedächtnis abzuspeichern, sich daran zu erinnern.

– *Damit haben Sie eine von vielen Ursachen für ein bestimmtes Erleben identifiziert.*

– Richtig. Im Fall der Aufmerksamkeit gelingt das schon recht gut. Im Hinblick auf das Bewusstsein kann man zumindest angeben, welche Strukturen intakt sein müssen, damit Bewusstsein überhaupt möglich ist. Was uns noch schwer fällt, ist, das neuronale Korrelat für Bewusstsein an sich zu identifizieren. Wir wissen noch nicht, wie die Repräsentation der Inhalte des Bewusstseins im Gehirn organisiert ist. Das muss irgendein verteilter Zustand sein, der sich jedoch unseren analytischen Möglichkeiten noch entzieht. Ein singuläres Zentrum, in dem das Bewusstsein zu lokalisieren wäre, gibt es jedoch mit Sicherheit nicht.

– *In welcher Beziehung stehen denn nun Aufmerksamkeit und freier Wille? Meine Aufmerksamkeit kann ich doch frei lenken, oder?*

– Jetzt fragen Sie, ob ich meine Aufmerksamkeit über meinen so genannten freien Willen von A nach B lenken kann, oder ob sich meine Aufmerksamkeit nicht vielmehr – einem sich selbst organisierenden Prozess folgend – auf auffällige Strukturen richtet. Ganz sicher tut sie Letzteres, wenn äußere Reize meine Aufmerksamkeit auf sich ziehen. Wenn ich beispielsweise einen lauten Knall hinter mir höre, werfe ich »unwillkürlich« den Kopf herum, um zu sehen, was passiert ist.

– *Ich kann mich doch auch freiwillig – ohne vorhergehenden äußeren Reiz – nach hinten umdrehen.*

– Die Frage ist, wie »frei« Ihr Handeln dabei tatsächlich ist.

– *Ich kann meinen Blick beliebig durch Ihr Büro schweifen lassen und empfinde mich dabei durch nichts Äußeres veranlasst …*

– Halt, nicht so schnell! Sie beschreiben die Dinge jetzt wieder aus der Erste-Person-Perspektive. Aber auch bei Ihrer scheinbar »freien« Änderung der Blickrichtung – ohne vorherigen Knall im Hintergrund –, bei der Entscheidung »von innen heraus« folgen Sie ja wieder Zuständen, die vom Gehirn zuvor erzeugt wurden – nur diesmal nicht infolge eines äußeren Reizes. In diesem Fall werden die Attraktoren, die Ihre Aufmerksamkeit lenken, von innen heraus erzeugt, als Folge der sich ständig wandelnden Zustände Ihres Gehirns.

– *Bin ich dann sozusagen immer nur das Opfer meiner Gehirnzustände? Und ist das Gehirn oder sein momentaner Zustand denn nicht irgendwie auch Teil meines Selbst?*

– Auch wenn das Gehirn scheinbar nichts tut, ist es stets damit beschäftigt, Inhalte zu ordnen, Bezüge herzustellen, Lösungen zu finden, Modelle zu entwerfen, sogar wenn Sie schlafen. Sie werden sich jedoch nur eines kleinen Teils dieser Arbeit gewahr. Ins Bewusstsein gelangt nur das Wenige, auf das Sie Ihre Aufmerk samkeit lenken können. Manche Vorgänge können wir sogar nie ins Bewusstsein heben. Denken Sie z. B. an vegetative Kontrollfunktionen der Nierentätigkeit.

– *Können Sie denn zwischen dem Gehirn und der erkennenden Person überhaupt so penibel trennen?*

– Das genau ist der Sprung zwischen den zwei Beschreibungssystemen.

– *Aber das Ich-Erlebnis wird ja vom Gehirn »gemacht«, ist insofern Bestandteil der Aktivität des Gehirns. Trotzdem erlebe ich mich als getrennt von der Aktion meines Gehirns, die ich nur sehr marginal verstehe.*

– Und deshalb denke ich, dass das Problem des »freien Willens« daher rührt, dass wir Kulturwesen sind, Wesen mit Gehirnen, die uns in die Lage versetzt haben, eine Theorie des Geistes zu erstellen und damit kulturelle Konstrukte und soziale Realitäten aufzubauen, die uns dann wiederum als Realitäten erfahrbar werden.

– *Ist denn das Erlebnis, sich frei für dieses oder jenes entscheiden zu können, nur ein soziales Konstrukt? Ist es nur tradiert? Haben es die frühen Menschen einmal irgendwie entwickelt, und ab dann ist es immer nur noch von den Eltern an ihre Kinder weitergegeben worden?*

– So würde ich das sehen.

– *Dann wäre es denkbar, dass es irgendwo eine isolierte Menschengruppe gibt, die Vorstellungen ganz anderer Art entwickelt und tradiert hat und dass diese dann auch stabil sind.*

– Vermutlich ja. Denken Sie daran, wie in bestimmten Religionsgemeinschaften Handlungsmotive erklärt wurden oder werden: Menschen empfinden sich als »gelenkt« und schreiben die Initiative für ihr Handeln nicht sich selbst zu, sondern einer Gottheit.

– *Es könnte auch ein Teufel sein. Wir kennen ja den Begriff der Besessenheit.*

– Es könnte auch ein Teufel sein. Solche Zuschreibungen finden wir in unserer eigenen Kulturgeschichte. Und wir wissen aus der Psychopathologie, was passiert, wenn ein Konstrukt wie der freie

Wille zusammenbricht. Bei bestimmten Schizophrenie-Formen ist es gerade ein Leitsymptom, dass sich Patienten nicht mehr »frei« fühlen können. Sie empfinden sich als »gelenkt«. »Es« spricht zu ihnen und befiehlt, obwohl dieses »Es« Teil ihres Selbst ist. Mit Hilfe der funktionellen Kernspintomografie lässt sich dann zeigen, dass es bei diesen Patienten zu abnormen Aktivitäts verteilungen in der Hirnrinde kommt. Das halluzinierende Ge hirn erzeugt selbst Aktivitätsmuster, die es als von außen kom mend und es lenkend wahrnimmt.

– *Kommen wir noch einmal auf unsere Ausgangsfrage zurück! Sie würden also ebenfalls behaupten, dass der »freie Wille« lediglich eine Illusion ist, oder?*

– Ich würde mich auf die Position zurückziehen, dass es zwei von einander getrennte Erfahrungsbereiche gibt, in denen Wirk lichkeiten dieser Welt zur Abbildung kommen. Wir kennen den naturwissenschaftlichen Bereich, der aus der Dritte-Person-Per spektive erschlossen wird, und den soziokulturellen, in dem sinn hafte Zuschreibungen diskutiert werden: Wertesysteme, soziale Realitäten, die nur in der Erste-Person-Perspektive erfahrbar und darstellbar sind. Dass die Inhalte des einen Bereichs aus den Prozessen des anderen hervorgehen, muss ein Neurobiologe als gegeben annehmen. Insofern muss, aus der Dritte-Person-Per spektive betrachtet, das, was die Erste-Person-Perspektive als freien Willen beschreibt, als Illusion definiert werden. Aber »Illu sion« ist, glaube ich, nicht das richtige Wort, denn wir erfahren uns ja tatsächlich als frei.

– *Die erfahrene Freiheit ist in Ihren Augen also real?*

– Sie ist als Erfahrung real. Ich habe beispielsweise gerade jetzt das Gefühl, dass ich auch aufstehen könnte. Ich tu es aber aus bestimmten Gründen nicht. Beim freien Willen ist es doch so dass wohl fast alle Menschen unseres Kulturkreises die Erfahrung teilen, wir hätten ihn. Solcher Konsens gilt im Allgemeinen als hinreichend, einen Sachverhalt als zutreffend zu beurteilen. Ge nauso zutreffend ist aber die konsensfähige Feststellung der Neu robiologen, dass alle Prozesse im Gehirn deterministisch sind und Ursache für die je folgende Handlung der unmittelbar vor angehende Gesamtzustand des Gehirns ist. Falls es darüber hinaus noch Einflüsse des Zufalls gibt, etwa durch thermisches Rauschen, dann wird die je folgende Handlung etwas unbestimmter, aber dadurch noch nicht dem »freien Willen« unterworfen.

– *Wenn sich einmal Ihre Erkenntnis durchsetzt, der »freie Wille« – ähnlich wie das alternative Gefühl, fremdbestimmt zu sein – sei nur in der Erste-Person-Perspektive real, aus Sicht der Naturwissenschaft jedoch nicht existent! Was würde sich in unserem Leben, in unserer Gesellschaft ändern, wenn der Uraltgedanke, die Menschen könnten ihre Entscheidungen »frei« treffen, sich als hinfällig erweist? Könnten wir dann niemanden mehr zur Verantwortung ziehen?*

– Ich glaube, dass sich an der Art, wie wir miteinander umgehen, nicht sehr viel ändern würde, wenn wir der naturwissenschaftlichen Sichtweise mehr Bedeutung zumäßen. Wir würden allerdings – und das wäre erfreulich – vermutlich ein wenig toleranter werden, nachsichtiger, verständnisvoller. Wir würden nicht so schnell aburteilen.

– *Was sollte uns da nachsichtiger machen?*

– Die gleiche Überlegung, die uns gegenüber Epileptikern und Schizophrenen nachsichtig gemacht hat. Als wir jene noch als vom Teufel besessen angesehen haben, haben wir sie ausgegrenzt, verurteilt und sind nicht sehr zimperlich mit ihnen umgegangen. Als wir dann begriffen haben, dass sie krank sind, haben wir zwar immer noch versucht, sie vor sich selbst zu schützen – oder uns vor ihnen, wenn sie für uns gefährlich wurden. Aber wir gehen wegen der Einsicht in die Bedingtheit ihres Verhaltens nun wesentlich humaner mit ihnen um. Wir haben sie als Opfer verstanden, die für ihre Handlungen nichts können. Ähnlich könnte ich mir vorstellen, dass unser Umgang mit Menschen, die wir heute als »Kriminelle« bezeichnen, verständnisvoller werden könnte – ohne dass sich allerdings unser Strafvollzug grundlegend änderte.

– *Wie meinen Sie das?*

– Nehmen wir einmal an, es gebe jemanden, der eine sehr niedrige Tötungsschwelle hat, aus welchen Gründen auch immer – genetisch bedingt, durch die Umwelt bedingt – spielt in diesem Fall gar keine Rolle. Aus einem nichtigen Anlass mordet dieser

Jemand. Dann folgt für uns aus dem neuen Modell: Die fragliche Person ist für die Gesellschaft extrem gefährlich, weil sie ihre Tat bei jedem vergleichbaren Anlass immer wieder begehen könnte. Also muss man sich vor ihr schützen. Ich muss den Betreffenden also zunächst einmal daran hindern, dass er seine Tat wiederholen kann und zweitens versuchen, ihn durch erzieherische Maßnahmen, durch Verhaltensbeeinflussung, zum Besseren hin zu bewegen. Ich muss daran arbeiten, diejenigen Attraktoren in seinem Gehirn zu stärken, die die fragliche Tötungsschwelle höher setzen würden. Wir würden Straftäter also wegsperren und bestimmten Erziehungsprogrammen unterwerfen, die durchaus auch Sanktionen einschließen würden. Wir wissen doch, dass Erziehung sowohl der Belohnung als auch der Sanktionen bedarf. Mit anderen Worten: Wir würden hübsch das Gleiche tun wie jetzt auch schon. Allein die Betrachtungsweise hätte sich geändert.

– *Aus Ihren Erfahrungen als Verhaltensforscher schöpfen Sie also ein optimistischeres Bild, was die Formbarkeit von Menschen anbelangt.*
– Ich räume dieser Formbarkeit einen sehr großen Raum ein. Ich bin der festen Überzeugung, dass die wichtigsten Berufe in unserer Gesellschaft die von Eltern und Erziehern sind, jenen, die die Aufgabe haben, Verhaltensweisen, kulturelle Weisheiten in die nächste Generation zu übertragen. Und die dafür sorgen, dass Erfahrungen, die zu Friedfertigkeit ermuntern und für humanes Zusammenleben notwendig sind, auch so installiert werden, dass sie handlungsrelevant werden. Ich messe dieser Tradierung kultureller Inhalte einen enormen Einfluss bei. Nichts ist wichtiger als der erzieherische Prägungsprozess unserer Kinder.

»Das Ende des freien Willens«, Interview von Inge Hoefer und Christoph Pöppe mit Wolf Singer, *Spektrum der Wissenschaft*, Februar 2001, S. 72-75.

Wir benötigen den neuronalen Code

Ein monotones Faszinosum: Müssen die Ingenieure vor
der Komplexität des Gehirns kapitulieren?

FRANKFURTER ALLGEMEINE ZEITUNG: *Ray Kurzweil behauptet, in einigen Jahrzehnten werde es aufgrund der proportional gewachsenen Computerleistung möglich sein, das Gehirn zu simulieren. Stimmen Sie dem zu?*

WOLF SINGER: Ich denke, dass Kurzweil einem riesigen Missverständnis aufsitzt, wenn er glaubt, dass Vermehrung von Rechengeschwindigkeit allein zu einem qualitativen Umschlag führen würde. Die Analogie zwischen Computer und Gehirn ist bestenfalls eine oberflächliche. Beide Systeme können zwar logische Operationen ausführen, aber die Systemarchitekturen sind radikal verschieden. Das Problem liegt vor allem darin, dass Computer nach anderen Algorithmen arbeiten als biologische Systeme.

– Worin sehen Sie den Unterschied zwischen einem menschlichen Gehirn und einem Computer?

– Das grundlegend andere Prinzip von Gehirnen ist, dass diese als selbstaktive, hochdynamische Systeme angelegt sind. In ihrer Organisation, die wiederum genetisch vorgegeben ist, liegt ungeheuer viel Wissen über die Welt gespeichert. Das Programm, nach welchem Gehirne arbeiten, ist durch die Verschaltung der Nervenzellen vorgegeben. Diese Verschaltungen haben sich in einem Jahrmillionen währenden evolutionären Prozess entwickelt, sind optimiert bzw. durch Versuch und Irrtum umgestaltet worden. Dabei ist ein System entstanden, das nicht nur vom Aufbau, sondern auch von den Verarbeitungsprinzipien her grundsätzlich anders organisiert ist als ein Computer. Neuronale Systeme speichern z. B. nicht wie Computer Inhalte in adressierbaren Registern ab. Sie bedienen sich so genannter Assoziativspeicher, von denen Inhalte nach Ähnlichkeitskriterien abrufbar sind, auch wenn sie mit sehr unvollständigen Informationen gefüttert werden. Aber selbst wenn man den vollständigen Schaltplan dieser assoziativen Speicher besäße, könnte man vermutlich noch nicht einmal einfache Gehirne nachbauen, da deren Leistungen auf dynamischen Verarbeitungsprozessen beruhen, die extrem nicht-linear und deshalb schwer zu stabilisieren sind. Solche Systeme haben die unangenehme Neigung, entweder in überkritische Bereiche zu gelangen, dann werden sie epileptisch, oder abzustürzen und zu schweigen. Sie im richtigen Arbeitsbereich zu halten, ist unendlich schwierig, da sich ihre Dynamik analytisch nicht beherrschen lässt. Allenfalls könnten die Technologien den Weg beschreiten, den die Natur beschreitet, d. h. sie könnten ein System sich selbst entwickeln lassen.

– Ist Selbstentwicklung also womöglich doch der richtige Weg zur künstlichen Intelligenz?

– Es lassen sich zwar Selbstorganisationsprinzipien einbauen, die das System zu seiner eigenen Entwicklung befähigen. Aber in dem Moment, wo evolutionäre Prozesse zum Tragen kommen, verliert man die Kontrolle über das Endprodukt. Sie können nicht einen evolutionären Vorgang am Schreibtisch strukturieren, sondern müssen diesen nolens volens ablaufen lassen. Wenn sich das System aber strukturieren lässt, dann bräuchte man nicht evolutionär vorzugehen. Es tut sich ein Zirkel auf, aus dem es kein Entkommen gibt. Man müsste also anders ansetzen: Man müsste versuchen, die Ingredienzien zu identifizieren, die während der Individualentwicklung vom Ei bis zum Gehirn dafür sorgen, dass sich ein System ausbilden kann, welches sich in erster Linie selbst stabilisiert. Es muss ein System entstehen, das stabil und so intelligent ist – also so verschaltet ist –, dass es Leistungen erbringt, die denen von Hirnen ähnlich sind. Dieses System wird nicht unterhalb des Komplexitätsgrades realisierbar sein, den die Großhirnrinde erreicht hat. Nun ist man heute noch nicht einmal in der Lage, Teile eines Fliegenhirns zu simulieren, geschweige denn, die Leistungen einer ganzen Fliege. Aber selbst eine Fliege ist noch weit von Kurzweils Fantasien entfernt.

– Was müsste eine Simulation leisten?

– Wenn man die Utopie der Simulation weiterspänne, müsste man für die Nachahmung eines einzigen Neurons einen Chip bauen, der 30000 oder 40000 Eingänge analog verrechnen kann, wobei all diese Kontakte nach bestimmten Lernregeln veränderbar sein müssen. Diese Regeln kennt man zwar schon recht gut und könnte sie implementieren. Man müsste aber noch eine Reihe von Kontrollmechanismen vorsehen, über die modulierende Systeme auf diese Neurone zugreifen können, um sie im richtigen Arbeitsbereich zu halten und dafür zu sorgen, dass nichts Beliebiges gelernt wird. Und schließlich müssen diese hoch komplexen »Biester« auf sehr kluge Weise miteinander vernetzt werden, damit intelligente Leistungen erbracht werden könnten.

– *Hidden layers, was ist das?*

– Das ist die mittlere Schicht in einfachen, dreischichtig strukturierten künstlichen Netzwerken. Sie liegt zwischen der Eingangs- und der Ausgangsschicht und wirkt wie ein Assoziativspeicher. Die Schaltelemente dieser Schicht sind über adaptive, lernfähige Verbindungen mit den anderen Schichten verkoppelt. Diese Verbindungen werden durch einen Lernmechanismus so lange verändert, bis ein bestimmtes Erregungsmuster in der Eingangsschicht ein gewünsches Muster in der Ausgangsschicht erzeugt. Mit solchen »neuronalen Netzen« lassen sich einfache Mustererkennungsaufgaben lösen. Dieses funktioniert schon heute, und die Leistung dieser Netze kann weiter verbessert werden, sobald die Rechner, mit denen sie simuliert werden, schneller werden, oder indem man analoge Chips als Netzelemente einsetzt. Aber dann ist immer noch nicht viel erreicht. Wir könnten längst sehr viel leistungsfähigere Maschinen bauen, denn die rein technischen Voraussetzungen sind nicht die Begrenzung. Was uns fehlt, ist Wissen über die Algorithmen, nach denen natürliche Gehirne ihre Funktionen erbringen. Das große Rätsel ist, was die Großhirnrinde im Einzelnen macht, wie sie es macht, wie sie sich stabil hält und wie die vielen Teilfunktionen, die in ihren verschiedenen Arealen erbracht werden, letztlich gebunden werden.

– *Sie arbeiten hier am Max-Planck-Institut für Hirnforschung daran, das Gehirn zu verstehen. Die modernen Technologien zielen aber nicht mehr auf das Verständnis, sondern auf die pure Simulation.*

Sind ihre Zielsetzungen nicht genauso utopisch wie die der modernen Technologien?
– Das wird die Zukunft zeigen. Nach wie vor ist die Frage ungeklärt, ob sich ein kognitives System selbst erschöpfend beschreiben kann. Es ist relativ einfach, lineare Systeme zu analysieren – wie etwa die Bewegung von zwei sich gegenseitig anziehenden Planeten. Nehmen Sie aber dann das berühmte Dreikörperproblem: Wenn Sie drei Körper haben, die sich gegenseitig anziehen, ist es schon nicht mehr möglich, deren Dynamik langfristig vorauszuberechnen, weil nicht-lineare Wechselwirkungen ins Spiel kommen. Nun stellen Sie sich vor, dass in einem Kubikmillimeter der Großhirnrinde etwa 40000 Neurone liegen, von denen jedes Einzelne mit weiteren 20000 in Kontakt tritt. Diese Zellen sind nicht zufällig miteinander vernetzt, sondern auf hochselektive Weise, wobei sich diese Selektivität sowohl genetischen Instruktionen als auch postnatalen Erfahrungsprozessen verdankt. Diese postnatalen Lernvorgänge sind für die Ausbildung von Hirnfunktionen von entscheidender Bedeutung, werden aber von den meisten Utopisten übersehen.

Wir wissen bislang wenig über die genaue Anordnung dieser Verbindungen. Schon gar nicht wissen wir – und können es im Augenblick mit unseren Methoden gar nicht wissen –, wie die einzelnen morphologisch sichtbaren Verbindungen funktionell gewichtet sind. Diese können sehr wirksam, aber auch sehr schwach sein. Das ist die kritische Variable in dieser so genannten funktionellen Architektur: Es ist entscheidend, wer mit wem wie stark und ob erregend oder hemmend in Kontakt tritt. Und nun versuchen Sie, sich die Komplexität der Wechselwirkungen vorzustellen. Ich hatte über einen Kubikmillimeter geredet, aber die Gesamtfläche der Großhirnrinde erreicht fast einen drei viertel Quadratmeter. Die aus dieser Komplexität entstehende Dynamik verstehen zu wollen, liegt im Augenblick jenseits aller Möglichkeiten.

– *Diskutieren wir die künstliche Intelligenz einmal jenseits aller Neurobiologie. Ray Kurzweil hat behauptet, dass man durchaus von Intelligenz sprechen kann, wenn der Computer den Touring-Test*

besteht, wenn also bei einer Befragung seine Antworten im direkten Vergleich nicht mehr von denen eines Menschen zu unterscheiden sind. Halten Sie künstliche Intelligenz in diesem Sinne für möglich?
– An erster Stelle wäre eine genaue Definition von Intelligenz notwendig, eine Definition, die nicht zirkulär von den Ergebnissen der Intelligenztests abgeleitet wird. Der Test fragt nur einen ganz winzigen Teil der Fähigkeiten ab, die ein Gehirn leisten kann. Mir ist der Test ein Ärgernis. Er prüft hochselektiv ein paar instrumentelle Fähigkeiten und beachtet kaum kulturelle Prägungen. Wenn man bedenkt, was eine streunende Katze leisten und richtig bewerten muss, um in Frankfurt zu überleben, dann erhält man bessere Kriterien für Intelligenz, für intelligentes Verhalten. Nun zu Kurzweils Definition: Wenn also der Computer mit mir einen Dialog führt, dann heißt das dann noch lange nicht, dass er damit Intelligenz beweist. Was sich über rationale Sprache transportieren lässt, ist wenig. Es wird damit doch nur dokumentiert, dass es möglich ist, einer Maschine die syntaktischen Regeln für den korrekten Umgang mit Sprachsymbolen einzuprogrammieren, aber selbst davon sind wir noch sehr weit entfernt.
– *Die Situation der Hirnforschung erinnert stark an die Zeit vor der Entdeckung der Erbsubstanz. Wenn man heute rekapituliert, was sich dort in relativ kurzer Zeit getan hat, fragt man sich doch, ob Ihr Pessimismus so berechtigt ist?*
– Ich glaube, er ist berechtigter denn je. Seitdem wir die Türen in die Welt der nicht-linearen Dynamik aufgestoßen haben, wissen wir zum ersten Mal, dass uns das Erbsenzählen und Buchstabieren nicht viel weiterbringt. So schön es ist, dass wir jetzt den genetischen Code haben, für das Verständnis des Lebendigen haben wir noch nicht viel gewonnen. In Bezug auf die Frage, wie sich aus diesen Buchstabenfolgen Strukturen wie unser Gehirn entwickeln, die irgendwann einmal »Ich« sagen, haben wir etwas, aber noch längst nicht genug gelernt.
– *Die Entschlüsselung des Genoms ist für Sie kein Datum von Bedeutung?*
– Nein. Ich finde es politisch interessant. Es ist deshalb wichtig,

weil hier zum ersten Mal weltumspannend an einem Projekt durch Datensharing relativ selbstlos kooperiert wurde. Die Algorithmen, nach denen man die Entschlüsselung vollzog, waren interessante Neuentwicklungen, aber sie waren seit langem bekannt. Der Rest war Fleißarbeit.

– Es gibt aber doch diese unglaubliche Aufbruchstimmung, die vor allen Dingen aus Amerika kommt. Bei Ihnen hingegen zeigt sich starke Skepsis. Was ist der Grund?

– Soweit ich das bis jetzt überblicken kann, kommen die euphorischen Zukunftsherbeireder vorwiegend aus den Ingenieurwissenschaften. Die kommen also aus einem Bereich, der erfolgsgewohnt weiß: Wenn ein Problem analytisch gelöst ist, dann ist die Konstruktion eines guten Produktes nur noch eine Frage des Designs, der Zeit. Wenn alles Notwendige bekannt ist, funktioniert das auch. Und wenn, wie das in den USA derzeit der Fall ist, der Kongress davon überzeugt werden soll, nicht nur in die Genom- und Hirnforschung zu investieren, sondern auch in die Informations- und Nanotechnologie, dann muss man halt Propaganda machen und dem Machbarkeitswahn frönen. Doch in der Hirnforschung gibt es noch zu viele ungeklärte Fragen.

– Welches sind Ihrer Meinung nach die dringendsten Fragen in der Neurobiologie?

– Wir wissen beispielsweise noch nicht, wie der neuronale Code im Einzelnen beschaffen ist. Wir wissen noch nicht, wie das Gehirn die Inhalte repräsentiert, die es wahrnimmt und über die es spricht. Eine klassische Hypothese, die uns Jahrzehnte geleitet hat, ging davon aus, dass Wahrnehmungsobjekte durch die Aktivität Einzelner, für das jeweilige Objekt zuständige Nervenzellen repräsentiert werden. Wenn also ein Aschenbecher zu sehen ist oder eine Schale, dann sollte jeweils nur das jeweilige Neuron aktiv werden, das für diese Objekte prädisponiert ist. Die Computerwissenschaftler haben natürlich auch gedacht, dass es so sein müsste, und haben Maschinen gebaut, die auf diesem Prinzip beruhten. Das Ergebnis kennen wir, es hat nicht sonderlich gut funktioniert. Inzwischen wissen wir, dass die Repräsentationen sehr viel dezentraler und dynamischer organisiert sind.

– *Bei Computern gibt es ja diese hierarchischen Systeme, die irgendwo ein Zentrum haben …*
– Diese gibt es im Gehirn eben nicht.
– *Gibt es im Gehirn keine Kontrollinstanz?*
– Nein, und das ist eines der zentralen Probleme. Das von unserer Intuition postulierte kartesianische Konvergenzzentrum gibt es nicht. Es gibt keinen Ort, wo alles zusammenläuft und interpretiert wird, wo entschieden und geplant wird, wo der Homunculus zu finden wäre, der »Ich« sagt. Vielmehr finden wir eine Fülle verschiedener Areale, die alle nur bestimmte Teilfunktionen erfüllen und aufs Engste miteinander vernetzt sind. Aus dem Zusammenspiel aller dieser verteilten Prozesse entstehen dann auf geheimnisvolle Art kohärente Wahrnehmungen, koordiniertes Verhalten, und letztlich auch Bewusstsein. Niemand kann zur Zeit befriedigend erklären, wie das vor sich geht.
– *Wir kennen diesen neuronalen Code zwar nicht. Aber wäre es nicht doch vorstellbar, eine künstliche Intelligenz ohne ihn zu erzeugen?*
– Nein. Wenn irgendjemand aufträte, der genügend Fantasie hat, um eine Maschine bauen, die das Gleiche kann wie ein Gehirn, dann wäre dies fantastisch. Nur ist so jemand nirgends sichtbar. Und wenn ich jemanden suchte, der solche Visionen haben könnte, dann würde ich ihn in den Reihen der Hirnforscher vermuten.
– *Könnten nicht in der Zusammenarbeit von Hirnforschung, Robotik, Computertechnologie oder Gentechnologie neue Impulse entstehen, die gerade der Neurobiologie dienlich wären?*
– Sicher. Wir nutzen schon heute all diese methodischen Möglichkeiten. Hirnforscher benötigen zum Beispiel riesige Rechenkapazitäten, um die komplexen Muster zu analysieren, die uns entgegenbranden, seit wir nicht mehr nur von einer einzelnen Nervenzelle ableiten, sondern von vielen gleichzeitig. Hier eröffnet sich ein hochdimensionaler Datenraum, der sich ohne diese Rechenmaschinen einfach nicht bewältigen ließe. Die Hirnforschung, die wir heute betreiben, hätten wir vor 20 Jahren schon wegen mangelnder Rechenkapazität nicht durchführen können.

— Im Vergleich zu Ihrer Studienzeit hat sich doch so manches drama-
tisch verändert. Riesige Summen an Kapital fließen seit den achtziger
Jahren in die neuen Wissenschaften. Geld beschleunigt doch die Ent-
wicklungen.

— Natürlich, deshalb schlagen ja auch Lobbyisten wie Kurzweil
die Werbetrommel. Wenn ich angeben soll, was sich geändert
hat, seitdem ich mit Wissenschaft in Berührung kam, dann gilt
zumindest für die Hirnforschung die Erkenntnis, dass alles sehr,
sehr viel komplizierter zu werden droht, als wir uns das vor 20
Jahren gedacht haben. Wir hatten damals relativ einfache Konzepte. Und jetzt erkennen wir, dass wir diese lineare Welt verlassen und eintreten müssen in die Welt der komplexen Systeme.
Wir müssen uns in einer Welt bewegen, in der die Messdaten,
die wir bekommen, analytisch nicht mehr vollständig beschreibbar sind, weil es die Mathematik dazu noch nicht gibt. Ich spre-
che sehr viel mit Kollegen, die sich mit komplexen Systemen
befassen, und frage, ob sie geeignete Instrumente haben, um den
Code neuronaler Dynamik zu entschlüsseln. Ich pflege dann
zu hören, dass auch diese Spezialisten keine Lösungen anbieten
können und schon froh wären, wenn sie die Turbulenzen berech-
nen könnten, die die Windräder an der Nordseeküste gefährden.
Seitdem wir begonnen haben, uns mit der Dynamik neuronaler
Wechselwirkungen zu befassen und mit den Problemen, die mit
der hochgradigen Vernetzung von Prozessen im Gehirn einherge-
hen, wie z. B. dem Bindungsproblem, breitet sich Bescheidenheit aus.

— Was versteht man unter dem Bindungsproblem?

— Das Bindungsproblem resultiert aus der distributiven Organisation des Gehirns und dem Fehlen eines singulären Koordina-
tionszentrums. Die Ergebnisse der vielen, gleichzeitig ablaufenden Sinnesfunktionen werden parallel an die ebenfalls zahlreichen exekutiven Zentren weitergegeben, ohne dass vorher alle
Informationen an einem Ort zusammengeführt würden. Wie
dennoch ganzheitliche Wahrnehmung und wohl koordinierte
Bewegungen zustande kommen, ist unklar. Es muss Metarepräsentationen für die Ergebnisse dieser Teilprozesse geben, doch

diese können ebenfalls nur nicht-lokale Gebilde sein, also wiederum einem distributiven Prinzip folgen. Wir vermuten, dass die Einbindung verteilter Neuronengruppen in diese Metarepräsentationen durch die zeitliche Synchronisation neuronaler Antworten erfolgt. Die Signatur, welche die Aktivität verteilter Neuronengruppen zusammenbindet, wäre die präzise zeitliche Synchronisation der entsprechenden Aktivitätsmuster. Die Metarepräsentationen wären also dynamische Gebilde mit räumlicher und zeitlicher Dimension, und dies sollte dann auch für die Inhalte des Bewusstseins gelten.

— Stanislaw Lem schrieb einmal eine Erzählung, in der er sagt, wenn es etwas gibt, was hinter diesen ganzen Phänomenen in der Welt im Universum steckt, dann ist das Gehirn so etwas wie die Blaupause vom Weltgeist. Was sagen Sie dazu?

— Es gibt ja die evolutionäre Erkenntnistheorie, die sagt, wir seien trotz aller Bedenken in der Lage, Wahres zu erkennen. Dabei ist jetzt nicht die Kant'sche Definition gemeint. Vielmehr geht es um die Annahme, dass unsere Erkenntnisse zutreffend sind, weil sich unsere kognitiven Systeme in dieser Welt entwickelt und an deren Bedingungen angepasst haben. Dabei hätten unsere kognitiven Systeme gelernt, nach Regeln vorzugehen, die zutreffend sind, also den Gesetzen draußen in der Welt entsprechen. Dies kann, muss aber nicht so sein. Denn wir wissen auch, dass das Gehirn sehr idiosynkratisch vorgeht, wenn es Wirklichkeiten interpretiert. Es macht fortwährend Inferenzen, die, physikalisch betrachtet, nicht zutreffen, sich aber in der Praxis bewähren. Ob im Morgen- oder im Abendlicht, die gleiche Rose erscheint uns im gleichen Rot, ungeachtet der Tatsache, dass sie wegen der verschiedenen Beleuchtungsbedingungen in ganz verschiedenen Spektralbereichen erstrahlt. Der Grund ist, dass wir unsere Farbbewertung auf Vergleiche mit umgebenden Farbflächen stützen, in diesem Fall also vielleicht auf Vergleiche mit den grünen Blättern, und nicht auf die Messung absoluter Wellenlängen des Lichtes. Unsere Wahrnehmungen sind reine Interpretationen. Sollen wir also der Physik glauben oder uns? Im Grunde sind beide Beschreibungen richtig. Wir sind es doch, die wahrnehmen, und wir haben auch die Physik erfunden. Was das Beispiel lediglich zeigt, ist, dass unsere Wahrnehmungsvorgänge in hohem Maße konstruktivistisch und eben nicht abbildend sind.

– Ist die Wahrnehmung so etwas wie der richtige Schlüssel zum Verständnis des Gehirns? Genügt es, ihre Funktionen verstanden zu haben?

– Ich denke, ja. Die Großhirnrinde ist erstaunlich monoton aufgebaut, dies ist ein Faszinosum. Die interne Organisation der Hirnrinde, die sich mit der Verarbeitung visueller Reize befasst, ist praktisch identisch mit der von Bereichen im Präfrontalhirn, in denen die Kurzzeitspeicherung erfolgt, oder mit der von Sprachzentren. Somit wäre viel erreicht, wenn wir wüssten, wie die Großhirnrinde Wahrnehmungsfunktionen realisiert. Wir könnten dann auf andere Bereiche extrapolieren. Wenn wir z. B. das Bindungsproblem am Beispiel der visuellen Objekterkennung lösen, dann haben wir vermutlich die Lösungen für alle Bindungsprobleme in der Hand. Und dann wären wir einen großen Schritt weiter.

– Müssen wir jetzt also annehmen, dass Sie wie Kolumbus mitten auf dem Ozean umdrehen wollen, statt weiter die Küste zu suchen?

– Nein. Ganz und gar nicht. Wir wissen genau, wo wir hinwollen, wir wissen auch, was wir dafür tun müssen, wir wissen aber auch, dass der Weg dahin wesentlich schwieriger werden wird, als wir noch vor wenigen Jahren dachten.

– Eine abschließende Frage: Freuen Sie sich nicht über das momentane öffentliche Interesse an den Naturwissenschaften?

– Doch. Bisher hatten wir einen dramatischen Mangel an Vermittlung zwischen dem, was in den Wissenschaften abläuft, und dem, was die Gesellschaft zur Kenntnis nimmt. Aber wir müssen aufpassen. Wir dürfen keine falschen Hoffnungen wecken. Wissenschaft ist ein nachdenkliches Geschäft, ein vorsichtiges, sie lebt vom methodischen Zweifel. Das ist auch der Grund, warum Wissenschaft und Politik gelegentlich schlecht zusammengehen. Da treten nicht nur Strukturprobleme auf, sondern auch intellektuelle Probleme. Politiker müssen handeln, oft auf unsicherer

Datenbasis entscheiden und Meinungen durchhalten, wollen sie nicht als schlechte, zögerliche Politiker gelten. Wissenschaftler müssen genau das Gegenteil tun. Sie müssen trotz überzeugender Datenlage immer noch skeptisch sein und die Dinge fünfmal von verschiedenen Seiten betrachten, bevor sie es wagen können, eine Beobachtung als Erkenntnis auszugeben. Daran gewöhnen sie sich, weil sie ständig enttäuscht werden. Wir gehen ständig durch Wechselbäder: Heute glauben wir, wir hätten es, zwei Tage später müssen wir dann einsehen, dass die Idee nicht gefruchtet hat. Es klopft einem dabei das Experiment auf die Finger oder auch gründliches Nachdenken oder der Befund eines Kollegen. Dies ist unser Alltag, und deshalb die Vorsicht und auch die Skepsis gegenüber den meist kurzlebigen Propagandaprognosen Kurzweil'scher Lesart.

Die Fragen stellten Claudia Brosseder, Joachim Müller-Jung und Frank Schirrmacher. Erstveröffentlichung in: *Frankfurter Allgemeine Zeitung* vom 24. August 2000, S. 51.

Hoffnung für Querschnittsgelähmte

DIE WELT: *Wenn jemand einen Computer aufschraubt und im Innern eine Fülle von irgendwie miteinander verbundenen Mikrochips und anderen Bauteilen findet, hätte er wohl kaum eine Chance herauszufinden, wie eigentlich diese Maschine funktioniert. Stehen Sie als Hirnforscher nicht vor einem ähnlichen, letztlich aussichtslosem Problem?*

WOLF SINGER: Nein. In der Hirnforschung ist das glücklicherweise anders. Zum einen wissen wir aus der Analyse von Störungen bei Patienten durchaus, welche spezifischen Leistungen bestimmte Hirnregionen erbringen. Zum anderen profitieren wir davon, dass es eine biologische Evolution gegeben hat. Die Natur ist sehr konservativ. Die meisten Prinzipien der Informationsverarbeitung und Organisation von Gehirnen wurden über viele Millionen Jahre hinweg unverändert beibehalten. D. h., wir können heute bei primitiven Tieren Nervensysteme studieren und relativ einfach Zusammenhänge zwischen Funktionen und Hirnstrukturen herstellen. Dieses Wissen lässt sich dann auf höhere Nervensysteme übertragen, so dass wir uns mit sehr viel Vorwissen an das Studium von komplexen Nervensystemen heranwagen können. Damit ist die Erforschung des menschlichen Gehirns dann doch nicht so aussichtslos, wie es zunächst erscheinen mag.

– *Die 90er Jahre wurden als »Dekade des Gehirns« proklamiert. Welche herausragenden Forschungsergebnisse gab es in dieser Zeit?*

– Ein Beispiel aus dem vergangenen Jahr ist die Entdeckung, dass sich auch noch in den Gehirnen von Erwachsenen Stammzellen zu Nervenzellen ausdifferenzieren können. Dies hatte man bislang für unmöglich gehalten. Noch ist allerdings nicht geklärt, ob diese neu gebildeten Hirnzellen in der Großhirnrinde auch tatsächlich ausgefallene Funktion ersetzen können.

– *Dies wäre dann ja für klinische Anwendungen sehr interessant. Haben Sie weitere Beispiele von Resultaten der Hirnforschung, die medizinisch nutzbar werden könnten?*

– Sehr relevant ist hier die Entdeckung, dass man in den ausgereiften Nervensystemen Erwachsener tatsächlich Nervenfasern dazu bringen kann, wieder in ihre Zielstrukturen einzuwandern, indem man die Molekülbarrieren, die die Regeneration normalerweise verhindern, durch molekularbiologische Manipulation ausschaltet. D. h., nach Verletzungen des Zentralnervensystems könnten unterbrochene Nervenleitungen wiederhergestellt werden. Querschnittslähmungen werden sich also im neuen Jahrhundert möglicherweise heilen lassen.

– *Sie sprachen von der Erforschung einfacher Nervensysteme bei Tieren. Wie gut versteht die Wissenschaft heute diese Systeme?*

Wir können das Verhalten einfacher Organismen schon heute nahezu lückenlos auf die Vorgänge in deren Nervensystem zurückführen.

– *Sie meinen vollkommen deterministisch?*

– Ja. Vollkommen deterministisch. Ich glaube nicht, dass wir da irgendwelchen unverhofften Schwierigkeiten begegnen werden. Ferner sieht es so aus, als seien bei der weiteren Entwicklung der Nervensysteme bis hin zu unseren Gehirnen keine grundlegenden neuen Prinzipien erfunden worden. Die Nervenzellen gleichen sich. Über 95 Prozent der Gene, die zum Aufbau unserer Gehirne benötigt werden, finden sich auch bei Primaten. Unsere Nervenzellen unterscheiden sich nur wenig von denen einer Schnecke. Sie sind bei uns nur viel komplexer vernetzt.

– *Wo würden Sie denn die Unterscheidungslinie zwischen dem Hirn eines Menschen und dem eines Primaten ziehen?*

– Die Frage lautet im Kern: Was in der Evolution hat bewirkt, dass der Mensch in die Lage versetzt worden ist, Kulturen aufzubauen, was den uns nahe verwandten Tieren nicht gelungen ist? Was sind die neuronalen Grundlagen für jene Leistungen, die bei uns zusätzlich entwickelt worden sind, die uns von den Menschenaffen unterscheiden? Nun, es müssen dies die Volumenvermehrung der Großhirnrinde und die zunehmende Parzellierung in neue Areale mit neuen Verbindungsstrukturen gewesen sein. Darüber hinaus hat es keine wesentlichen strukturellen Veränderungen gegeben.

– Das klingt ja nach einem sehr quantitativen Argument. Mehr Quantität führt also ganz einfach zu einer neuen Qualität?

– Ja. Quantitative Änderungen bewirken hier offenbar qualitative Sprünge. Wir vermuten, dass die Großhirnrinde einen sehr mächtigen Verarbeitungsalgorithmus realisieren kann. Worin dieser genau besteht, ist immer noch nicht ganz geklärt. Wir haben noch keinen abschließenden Konsens darüber, was der neuronale Code für kognitive Inhalte ist. Aber wir können davon ausgehen, dass die Großhirnrinde sich auf die Analyse und Repräsentation komplexer raum-zeitlicher Muster spezialisiert hat und sie offenbar die einzige Struktur im Gehirn ist, die das vermag.

– Und wie entsteht dabei Bewusstsein?

– Durch die Vermehrung der Großhirnrinde wird es offenbar möglich, hirninterne Prozesse erneut den gleichen kognitiven Operationen zu unterziehen, welche von primären Hirnrindenarealen vorgenommen werden, um Sinnessignale zu verarbeiten. Auf diese Weise entstehen Beschreibungen von Beschreibungen, also Metarepräsentationen. Über diesen reflexiven Akt wird es dann offenbar möglich, sich der eigenen Empfindungen gewahr zu werden. Dies wiederum ist Voraussetzung für die spezifisch menschliche Fähigkeit, sich vorstellen zu können, was ein anderer empfindet, der sich in einer ganz bestimmten Situation befindet. Wir werden fähig zu denken »Ich weiß, dass du weißt, wie ich fühle« oder »Ich weiß, dass du weißt, was ich weiß«. Diese reflexiven Vorgänge ermöglichen ferner die Erzeugung symbolischer Beschreibungen von Inhalten, was wiederum Voraussetzung für die Entwicklung rationaler Sprache ist. Die dann möglichen kommunikativen Prozesse befähigen schließlich dazu, sich im Spiegel der anderen seiner selbst gewahr zu werden, Ich-Identität zu erlangen. Damit wird der Mensch zu einem kulturfähigen Wesen und unterscheidet sich nachhaltig von den Tieren.

– Welche Unterschiede gibt es zwischen den Gehirnen von Frauen und Männern?

– Die unterscheiden sich kaum. Es gibt kleine Unterschiede hinsichtlich der Verteilung von Sprachzentren. Es sieht so aus, als ob im weiblichen Gehirn die nichtdominante Hemisphäre des Gehirns mehr Sprachfunktionen übernehmen kann als beim Mann. Frauen scheinen auch besser zu sein beim Erkennen von Gesichtern, und sie verfolgen andere Strategien, um sich zu orientieren. Sie folgen mehr einem sequentiellen Orientierungsschema, während Männer sich mehr nach Koordinatensystemen richten. Außerdem scheint die Verbindung zwischen beiden Hirnhälften über den so genannten Balken bei Frauen etwas stärker ausgebildet zu sein.

– *Sie formulieren sehr vorsichtig. Sind diese Erkenntnisse denn nicht abgesichert?*

– Ich bin da vorsichtig, weil es sich nur um statistische Aussagen handelt und um relativ geringfügige Unterschiede. Doch in den Medien und in der Literatur für Laien werden gewöhnlich die Unterschiede zwischen weiblichen und männlichen Gehirnen und die Unterschiede zwischen der linken und rechten Gehirnhälfte maßlos übertrieben. Anders verhält es sich natürlich bei den Strukturen, die sich mit der Steuerung der geschlechtsspezifischen Hormone befassen.

– *Die Unterschiede zwischen männlichen und weiblichen Gehirnen sind demnach kein erfolgversprechender Ansatzpunkt für die Hirnforschung?*

– Nein, sicher nicht. Es ist da wesentlich ertragreicher, Gehirne von Gesunden mit jenen von Patienten zu vergleichen.

– *Wir sprachen über die neuronalen Voraussetzungen, die für das Entstehen von Bewusstsein notwendig sind. Sie haben sich bei ihren Forschungsarbeiten auch mit der Frage auseinander gesetzt, wie Bewusstseinsinhalte im Gehirn repräsentiert werden. Wie ist dort der Stand der Erkenntnis?*

– Was wir über Inhalte wissen, die wir bewusst erleben, also unsere Empfindungen, unsere Gefühle, unsere Gedanken, das erschließt sich nur aus der Ersten-Person-Perspektive, aus unserer subjektiven Erfahrung. Was wir hingegen über die Gehirnfunktionen wissen, erfassen wir aus der Dritten-Person-Perspektive. Wir beschreiben das Gehirn als Objekt und können objektivierbare Sachverhalte feststellen, über die wir uns zwischen Personen verständigen können. Das Problem der Bewusstseinsforschung ist, diese beiden Beschreibungssysteme einander anzunähern oder gar ineinander überzuführen. Ich kann zwar angeben, wann ein Gehirn bewusst ist – das erkennt man an bestimmten Merkmalen der elektrischen Aktivität von Hirnzellen –, aber ich habe Darstellungsprobleme und damit auch Vorstellungsprobleme, wenn ich versuche, einem bestimmten Hirnzustand ein bestimmtes Gefühl zuzuordnen, weil ich das Gefühl als mein eigenes, privates empfinde, als etwas Immaterielles. Hier haben wir ein schwieriges philosophisches Problem, ein erkenntnistheoretisches Puzzle.

– *Und noch schwieriger wird es, wenn es um die Frage geht, ob das Gehirn dem Menschen eine freie Entscheidung ermöglichen kann?*

– Fragen dieser Tragweite lassen sich mit naturwissenschaftlichen Verfahren nicht entscheiden. Ich gehe davon aus, dass das Gehirn uns die Möglichkeit gibt, mit Absicht und damit also frei zu handeln. Dies ist eine subjektive Erfahrung, die wir mithin auch anderen unterstellen. Sonst könnte man ja Menschen keine Verantwortung zuschreiben. Aber es gibt da auch andere Ansichten. Etwa die Zombietheorie. Sie sieht unser Bewusstsein gleichsam nur als Begleiterscheinung. Wir würden demnach, auch wenn wir kein Bewusstsein hätten, genauso funktionieren, wie wir es jetzt tun, wie gut adaptierte Maschinen. Ob und wie wir uns ohne Bewusstsein anders verhalten würden, ist eine interessante Frage. Eine Antwort ist nicht verfügbar, ein Experiment nicht machbar; ich halte die Zombietheorie für wenig attraktiv.

– *Was bedeutet der wissenschaftliche Kenntnisstand zum Freiheitsbegriff für die Bestrafung von Straftätern? Kann die Hirnforschung etwas über Verantwortlichkeit aussagen?*

– Bestimmte Beeinträchtigungen von Hirnfunktionen, also Erkrankungen, lassen sich durch Untersuchungen nachweisen. So können einige Formen der Epilepsie eine willentliche Kontrolle von Verhalten beeinträchtigen. Doch meist sind die Dinge viel schwieriger zu beantworten. Nehmen wir etwa einen Mord, der unter Alkoholeinfluss begangen wurde. Eine solche Tat wird normalerweise mit mildernden Umständen geahndet, weil man sagt, der Täter sei nicht mehr vollständig in der Lage, sich zu kontrollieren, zudem könne die Hemmschwelle erniedrigt sein. Generell gilt, dass Hemmschwellen individuell verschieden sind, bedingt vermutlich durch genetische Disposition, Erziehung oder andere Umwelteinflüsse. Wie verhält es sich da mit der Schuld? Ich glaube, wir werden vom Schuld-und-Sühne-Konzept abkommen. Die neue Lesart wird sein, dass die Gesellschaft sich einfach vor ihren Outlaws schützen muss – unabhängig von der schwer zu beantwortenden Schuldfrage.

– *Lässt sich denn die Höhe dieser Tötungsschwelle objektiv bestimmen?*

– Nicht durch standardisierte Messverfahren. Aber durch die Analyse von Verhalten sind doch qualifizierte Aussagen möglich.

– *Glauben Sie, dass mit Hilfe der Gentechnik Verhaltensänderungen von Menschen gezielt vorprogrammiert werden könnten?*

– Das erscheint mir abenteuerlich und unwahrscheinlich. Einmal ist der Weg von den Genen zur Struktur von Gehirnen und damit zum Verhalten ungeheuer indirekt. Es gibt fast keine Eigenschaft, die nicht von einer Vielzahl verschiedener Gene und deren Zusammenwirken bestimmt würde. Zum anderen sind die informationsverarbeitenden Prozesse im Gehirn so subtil und hoch differenziert, dass kaum vorstellbar ist, wie durch Eingriffe in diese Prozesse gezielte Veränderungen von Verhalten bewirkt werden können.

– *Und wie steht es damit, dass wir die Erkenntnisse der Hirnforschung nutzen, um denkende Maschinen zu bauen?*

– Je nachdem, wie man den Begriff Denken definiert, sind Maschinen schon heute in der Lage, dies zu tun. Sie führen logische Operationen aus und das ist bereits unreflektiertes Denken. Ich bezweifle jedoch, dass Computer zu intentionalem Denken fähig sein könnten. Die dazu benötigten Strukturen sind zu komplex, als dass sie synthetisch hergestellt werden könnten. Die beteiligten Prozesse sind viel zu nicht-linear und unüberschaubar, als dass man sie über Blaupausen konstruieren könnte. Die Herausbildung solcher Systeme gelingt nur durch einen langen Entwicklungsprozess, wie ihn die Evolution ermöglicht hat.

– *Man könnte auch bei den Maschinen einen selbstorganisierenden Entwicklungsprozess zulassen?*

– Ja, wenn man die ganze Evolution etwa auf Siliziumbasis sich noch einmal wiederholen ließe. Es ist müßig, über diese Utopie weiter nachzudenken. Was diesbezüglich spekuliert wird, ist meist weit weniger originell als das, was seinerzeit Jules Verne geschrieben hat.

– *Denken Sie, dass die Gehirnforschung, wie sie bisher betrieben worden ist, doch zu einer Entzauberung des Menschen beiträgt?*

– Nein. Die Gehirnforschung unterscheidet sich hier nicht von anderen Wissenschaften. Unsere Welt ist nicht dadurch entzaubert worden, dass die Erde nicht mehr im Mittelpunkt des Universums steht. Der Zauber hat sich nur verlagert. Ich selber überblicke ja nun 30 Jahre Hirnforschung, und ich kann sagen, dass sich meine Verzauberung durch andere Menschen nicht dadurch verändert hat, dass ich viele der psychischen Vorgänge, die sich in mir und den anderen vollziehen, jetzt auf Wechselwirkungen zwischen Nervenzellen zurückführen kann. Nein, diese Welten bleiben wunderbar getrennt. Es nimmt mir nichts an ästhetischem Genuss, Musik zu hören, von der ich weiß, dass ein anderes Gehirn sie komponiert hat und dabei bestimmte elektrische und chemische Prozesse abliefen.

– *Für Ihre Forschungsarbeiten sind Tierversuche notwendig. Es ist daher aufgrund heftiger Proteste gar nicht so einfach, Hirnforschung in Deutschland zu betreiben.*

– Das Arbeiten am zentralen Nervensystem höherer Tiere wird weltweit als unabdingbar anerkannt, um Wissen über die Grundlagen höherer Hirnfunktionen zu erlangen. In Deutschland wirken sich die sehr restriktive Gesetzgebung, die allgemein skeptische Haltung der Öffentlichkeit und die mitunter pogromartige Vorgehensweise gegen einzelne Wissenschaftler ohne Frage hemmend auf die neurobiologische Grundlagenforschung aus. Wenn es darum geht, neue Lehrstühle zu besetzen, nimmt man doch lieber Professoren, deren Fachgebiete weniger Probleme bereiten. Junge Wissenschaftler rechnen sich hierzulande folgerichtig geringe Chancen aus, auf diesem Gebiet tätig zu werden, und gehen lieber gleich ins Ausland, insbesondere in die USA. Es droht in Deutschland eine Tradition abzureißen auf einem Forschungsgebiet, auf dem wir, zumindest punktuell, noch vor kurzem Weltspitze waren. Irgendwann werden hierzulande junge Wissenschaftler nicht mehr auf diesem Gebiet ausgebildet werden können. Dann stirbt in Deutschland diese Forschungsrichtung aus.

Das Gespräch führte Norbert Lossau. Erstveröffentlichung in: *Die Welt*, 15. Dezember 1999, S. 33.

Das falsche Rot der Rose

Was geschieht im Kopf, wenn die Augen etwas sehen?
Wie entsteht Bewusstsein, wie die Vorstellung vom
»Ich«?

DER SPIEGEL: *Herr Professor Singer, können Sie beschreiben, was Sie hier sehen?*
WOLF SINGER: Das ist eine Kröte aus Holz mit einem Stock im Maul. Wirklich sehr hübsch geschnitzt. Wo ist die denn her?
– *Ein Souvenir aus Kambodscha. Können Sie uns sagen, was gerade in Ihrem Kopf vorgegangen ist?*
– Zunächst entsteht ein zweidimensionales Bild auf der Netzhaut mit unterschiedlichen Grauwerten. Die Ganglienzellen der Netzhaut verwandeln dieses Bild in Erregungsmuster, die dann von Nervenzellen in der Großhirnrinde analysiert werden: Sie reagieren auf einfache Merkmale, Orientierungen, Kontraste, Texturen. Jetzt beginnt das Gehirn ein kombinatorisches Spiel, vergleicht diese Informationen mit bereits gespeicherten Gedächtnisinhalten. Wenn dort etwas Ähnliches vorhanden ist, stellt sich plötzlich ein stabiler Zustand ein, der dann nicht nur zu der bewussten Wahrnehmung führt: »Hier ist eine Kröte«, sondern auch vom Sprachzentrum aufgegriffen werden kann und dort unter den vielen möglichen Benennungen die richtige raussucht. All das ist in ein paar hundertstel Sekunden erledigt gewesen – war ja auch ein ziemlich einfaches Objekt.
– *Langsam, langsam! Nehmen Sie die Kröte ruhig einmal in die Hand. Können Sie sich vorstellen, dass sie noch für irgendetwas anderes gut ist?*
– Das ist sehr schönes Holz, erstaunlich hart. Offensichtlich Ebenholz (zieht den Stock aus dem Maul und schlägt auf die Kröte). Da entsteht ein beachtlich lauter Klang – ja, das ist ein Musikinstrument!
– *Gratulation, so schnell haben wir nicht geschaltet.*
– Sie haben auch nicht unter Experimentierstress gelitten, so wie

ich. Mein Gehirn hat Widersprüche entdeckt, das kombinatorische Spiel erweitert und erkannt: »Das sind vermutlich zwei Gegenstände.« Jetzt habe ich also zwei Dinge und mache mich auf die Suche nach irgendwelchen Beziehungen. Das ist der Gestaltungsdruck der Seele – das Gehirn sucht ständig nach Gründen, Zwecken und Bezügen.

– … *eine angeborene Neugierde …*

– … ich würde es hier als spielerische Versuchsphase bezeichnen. Das Nächstliegende ist eben, beide Gegenstände miteinander in Berührung zu bringen. Und das auditorische System erkennt: »Das sind Klänge, und zwar keine banalen.« Und dann kommt wahrscheinlich die Sinnzuschreibung, dass der Zweck dieses Systems die Erzeugung von Lauten ist.

– *Was lernen wir dabei über den Aufbau des Gehirns?*

– Dass sehr viel Vorwissen gespeichert sein muss. Irgendwann müssen die Konzepte Kröte und Klangerzeugung von meinem Gehirn gelernt worden sein, und gerade eben hat sie mein Gehirn miteinander verbunden. Das führt zur Metabeschreibung »Musikinstrument«. Wahrscheinlich könnte man im Kernspintomografen sogar nachvollziehen, wie sich die Gehirnaktivitäten im Laufe dieses Prozesses über das Seh- und Hörzentrum zum Sprachzentrum verlagert haben.

– *Sie haben bei vielen Gelegenheiten betont, Wahrnehmung sei stets ein aktiver Prozess, keineswegs bloßes passives Aufnehmen von Sinneseindrücken. Können Sie an diesem Beispiel erläutern, was Sie damit meinen?*

– Wahrnehmung ist immer die Folge eines erwartungsgesteuerten Suchprozesses. Bestes Beispiel ist unser Sehsystem: Das Auge bewegt sich ständig auf der Suche nach etwas Interessantem. Die erste aktive Leistung, die ich hier vollbracht habe, war, unter all den Dingen in diesem Zimmer, meine Aufmerksamkeit auf die Kröte zu lenken, mich darauf zu konzentrieren, das Objekt vom Hintergrund abzugrenzen und nach irgendwelchen sinnvollen Beziehungen zu suchen. Dabei habe ich sicher viele Hypothesen aufgestellt, bestimmte Beziehungen gegenüber anderen bevorzugt und dafür gesorgt, dass jene Neuronengruppen abgefragt werden, die Signale entsprechend meinen Erwartungen ausgesendet haben.

– *Trotzdem bilden wir uns ein, dass die objektive Wahrheit über die Welt in uns eindringt. Davon, dass wir uns diese Wahrheit zuvor selbst im Kopf zusammensetzen, kriegen wir nichts mit. Gaukelt unser Gehirn uns also etwas vor?*

– Wir tun sehr vieles aus Motiven, die uns nicht bewusst werden. Denn vieles von dem, was verarbeitet wird und nicht ins Bewusstsein gelangt, ist natürlich trotzdem wichtig für das Handeln. Deshalb erfinden wir häufig nachträglich Motive für etwas, was wir getan haben. Höchstwahrscheinlich handelt es sich hier einfach um eine Folge der begrenzten Kapazität unseres Bewusstseins.

– *Das letzte große Rätsel der Menschheit ist doch, wie aus vielen Sinneseindrücken das Bewusstsein entsteht. Haben Sie eine Antwort parat?*

– Früher dachte man noch, die Antwort sei einfach. Man glaubte, im Gehirn gebe es an einer bestimmten Stelle eine Art innerer Leinwand, auf der das Abbild eines Sinneseindruckes entsteht. Und dieses für Neuronen aufbereitete Bild würde dann von einem inneren Betrachter angeschaut, der mit mentalen Eigenschaften ausgestattet ist und »Ich« sagt.

– *Klingt schön.*

– Ja. Nur leider wissen wir inzwischen, dass diese Vorstellung falsch ist. Heute können wir Hirnaktivitäten messen – und nirgends ist so ein Zentrum für den letztendlichen Auswertungsprozess zu entdecken. Es gibt offensichtlich keinen einzelnen Ort, wo alle Informationen zusammenlaufen, wo aus den verschiedenen Sinnessignalen schlüssige Bilder der Welt gefertigt werden, wo Entscheidungen fallen, wo das Ich »Ich« sagt. Stattdessen sehen wir uns einem extrem dezentral organisierten System gegenüber, in dem an vielen Orten gleichzeitig visuelle, auditorische oder motorische Teilergebnisse erarbeitet werden. Und diese koordiniert das Gehirn auf recht geheimnisvolle Weise zu einer zusammenhängenden Deutung von Welt. Wie es kommt, dass dieses System auch über sich selbst Protokoll führt, so dass es sich seiner selbst bewusst wird, zählt zu den spannendsten philosophischen Fragen unserer Zeit.

– *Und wie viel wissen die Forscher heute über die Antwort?*

– Im Laufe der Jahrmillionen sind die Strukturen der verschiedenen Gehirnbereiche gleich geblieben. Vergrößert hat sich auf dem Weg vom niederen Wirbeltier zum Menschen nur das Volumen einiger Strukturen, allen voran das der Großhirnrinde. Dadurch hat sich die Verarbeitungskapazität dramatisch vermehrt. Die im Laufe der Evolution neu hinzugekommenen Hirnrindenareale sind in zunehmendem Maße nicht mehr direkt an die Sinnesorgane gekoppelt, sondern beziehen ihre Informationen hauptsächlich aus den vorhandenen Hirnrealen. Sie verarbeiten vorwiegend die Ergebnisse, welche die mit den Sinnesorganen verbundenen Bereiche bereits erzielt haben. Weil die Daten aus den verschiedenen Sinnessystemen das gleiche Format besitzen, haben die neu hinzugekommenen Areale keine Schwierigkeiten, die an verschiedenen Orten erarbeiteten Teilergebnisse zu vergleichen und zu zunehmend abstrakteren Metabeschreibungen zusammenzubinden.

– *Und wie entsteht nun ein Gesamtbild im Kopf?*

– Sie sprechen eines der Kernprobleme der Neurowissenschaften an, das so genannte Bindungsproblem. Wenn ich wieder auf die Kröte zurückkomme, lautet die Frage: Wie verknüpfe ich eigentlich die vielen Teilaspekte dieses Objektes zu einem Gesamteindruck? Auch wenn ich mit diesem Tier sehr viel Erfahrungen sammeln könnte, würden sich wohl keine Zellen in meinem Gehirn ausbilden, die spezifisch auf genau diese Kröte mit dem Stock im Maul ansprächen. Mit großer Wahrscheinlichkeit aktiviert dieses Holztier ein Ensemble von weit verstreuten Zellen, die sich ad hoc zu einem zusammenhängenden Ganzen verbinden. Wir überprüfen derzeit die Hypothese, dass sich die entsprechenden Nervenzellen für die Zeit, in der die Aufmerksamkeit auf die Kröte gerichtet ist, zu einem synchron schwingenden Ensemble verbinden.

– *Und es braucht dann niemanden, der sagt:* »*Das und das und das schwingt jetzt gerade gleichzeitig.*«

– Nein. Das organisiert sich selbst, wegen der Systemarchitektur, auf Grund des Vorwissens, das schon im System gespeichert ist.

– *Wofür ist das Bewusstsein überhaupt gut?*

– Es muss für das Überleben einen Vorteil gebracht haben, sonst hätte es sich nicht entwickelt. In vielen Situationen ist es sinnvoll wenn das Gehirn zwischen der primären Verarbeitung von Sinnesinformation und den daraus abgeleiteten Reaktionen noch Zwischenstufen einschieben kann. Diese zusätzlichen Verarbeitungsschritte erlauben es uns, dank früher gemachter Erfahrungen Überlegungen anzustellen oder Voraussagen zu machen über das, was eintreten wird, wenn dieses oder jenes der Fall ist. So können wir Gefahren aus dem Weg gehen, ohne uns ihnen durch Ausprobieren auszusetzen. Ein Gehirn, das in der Lage ist, sich vorzustellen, was wäre wenn, kann natürlich auch versuchen zu ergründen, was im Gehirn einer anderen Person in einem bestimmten Moment vorgeht. Auch sehr vorteilhaft, vor allem für das Zusammenleben. Wenn sich das Gehirn aber ein Modell von den Vorgängen eines anderen machen kann, kann es das Erkannte auch auf sich selbst beziehen. Es kann sich in den Beurteilungen des anderen spiegeln und sich seiner selbst vergewissern. So könnte das, was wir Bewusstsein nennen, in die Welt gekommen sein.

– *Kommt damit zugleich in die Welt, was wir als unsere Freiheit empfinden, zu tun, was wir wollen?*

– Diese besondere Ausprägung von Bewusstsein halte ich für ein kulturelles Konstrukt, das eng mit der Erfahrung von Individualität verbunden ist. Diese gewinnt der Mensch aus dem Blick in den Spiegel der Wahrnehmungen des Gegenübers. Erfahrungen der Individualität und Freiheit können also erst entstanden sein, als Dialoge zwischen Gehirnen möglich wurden wie »Ich weiß, dass du weißt, was ich weiß«, und als sich diese entwickelten, schlug die biologische Evolution in die kulturelle um.

– *Sie behaupten also, der freie Wille sei nichts als eine nette Illusion?*

– Nicht ganz. Er wird von uns als Realität erlebt und wir handeln und urteilen so, als gäbe es ihn. Der freie Wille, oder besser, die Erfahrung, einen solchen zu haben, ist somit etwas Reales, extrem

Folgenreiches. Insofern als sich die Mehrheit der gesunden Menschen zu dieser Erfahrung bekennt, ist sie also keine Illusion, wie etwa eine Halluzination. Aber aus Sicht der Naturwissenschaft ergibt sich die mit der Selbstwahrnehmung unvereinbare Schlussfolgerung, dass der »Wille« nicht frei sein kann.

Dieser Vorgang lässt sich in der Kindesentwicklung wunderbar nachvollziehen: Am Anfang trennen die Kleinen nicht zwischen sich und draußen. Für sie ist der Wille der Mutter ihr eigenes Anliegen. Sie empfinden sich nicht als Individuum und schon gar nicht als eines, das frei entscheiden kann. Doch das Baby ist eingebettet in ein soziales Umfeld, in der es immer wieder hört: »Tu das nicht, sonst mache ich das.« Nolens volens muss das Kind daraus schließen, es habe die Freiheit, Entscheidungen zu treffen. Dieser ganze Lernvorgang vollzieht sich während der ersten drei Lebensjahre. Weil sich in dieser Zeit noch kein episodisches Gedächtnis entwickelt hat, erinnern wir uns nicht mehr, was die Erfahrung, frei zu sein, verursacht hat.

– *Ist eine Struktur im Gehirn zuständig für den freien Willen?*
– Vermutlich nicht. Auf dem Weg von einfachen zu hoch entwickelten Nervensystemen hat nur die Komplexität zugenommen. Die Funktionsweise der Nervenzellen ist gleich geblieben. Zwischen der Nervenzelle in unserer Großhirnrinde und der eines Plattwurms bestehen keine wesentlichen Unterschiede. In der Evolution gibt es keine erkennbaren Diskontinuitäten, die durch irgendetwas Zusätzliches bewirkt worden wären.

– *Und irgendwann – plop – waren Bewusstsein und freier Wille da?*
– Durch die zunehmende Komplexität ist offenbar das passiert, was in komplexen Systemen nicht ungewöhnlich ist: Quantitative Vermehrung führt zu neuen Qualitäten.

– *Wenn, wie Sie sagen, uns unser Gehirn so vielerlei vortäuscht, können wir uns dann überhaupt irgendwelcher Wahrheiten über die Welt außerhalb unseres Kopfes sicher sein?*
– Richtig ist, unsere Wahrnehmungssysteme sind in hohem Maße interpretativ. Die Bilder, die sie erzeugen, stimmen nicht unbedingt mit physikalischen Begebenheiten überein. Unser Gehirn erkennt zum Beispiel eine Rose im frühen Morgenlicht,

mittags und abends gleichermaßen als rot – obwohl sie wegen der unterschiedlichen Spektren des Lichtes zu jeder Tageszeit anders aussehen müsste. Das Gehirn opfert hier Objektivität aus gutem Grunde: Die vielen verschiedenen Farben der Rose würden das Erkennen des Unveränderlichen erschweren.

– *Trotzdem halten wir es für objektiv wahr, dass die Rose wächst und irgendwann verwelkt, dass sie Wurzeln hat, einen Stängel, Dornen und eine Blüte. Alles nur Einbildung?*

– Uns gilt als Wahrheitsbeweis, wenn wir ausprobiert haben ob eine Sache so funktioniert, wie wir sie voraussagen. In der Wissenschaft ist der Wahrheitsbeweis das Experiment. Ob wir die Dinge so beschreiben, wie sie wirklich sind, bleibt dabei offen Alle naturwissenschaftlichen Beschreibungssysteme kreisen um sich selber, weil sie zur Testung dessen, was sie voraussagen, wiederum ihre eigene Methode einsetzen.

– *Trotzdem ist unser angeblich so subjektiv deutendes Gehirn ver messen genug, selbst in der Quantenwelt und in der Welt der Gala xien, die direkter sinnlicher Erfahrung gar nicht zugänglich sind von objektiver Wahrheit zu sprechen.*

– Ich glaube, das traut sich heute niemand mehr so recht.

– *Die Mehrheit der Physiker ist fest davon überzeugt, dass das, was sie entdecken, objektive Wahrheit ist. Dass, wenn man den Menschen auslöschen würde, trotzdem noch das Newton'sche Gesetz gelten würde.*

– Es würde dann jemand, der wiederkäme, das gleiche Gesetz finden, wenn er sich den gleichen Vorgang anschauen würde Das schon.

– *Woher nehmen wir den Mut, das anzunehmen?*

– Weil z. B. die Satelliten, die wir in den Weltraum schicken genau das tun, was wir vorher berechnet haben. Aber es wird Ihnen auch jeder Physiker konzedieren, dass es zurzeit im ganz Großen wie im ganz Kleinen Probleme gibt, für die wir keine Lösung sehen. Und dass selbst dann, wenn sie gelöst werden sollten, wir möglicherweise zu unbegreiflichen Aussagen kom men. Oder können Sie sich ein Universum vorstellen, das sich in einen grenzenlosen Raum ausdehnt, in dem es möglicherweise noch andere Universen gibt, die aus einem Urknall hervorgegangen sind? Dass man mit solchen physikalischen Theorien etwas erfassen würde, was im Kant'schen Sinne die nicht weiter hinterfragbare absolute Wahrheit wäre, das traut sich niemand zu behaupten.

– *Das wohl größte Rätsel bleibt wohl das Gehirn selber. Glauben Sie, dass der neuronale Code, also das Prinzip, nach dem Bewusstseinszustände entstehen, geknackt werden kann?*

– Wir haben ja nicht einmal die simple Frage vollständig geklärt, wie eigentlich Wahrnehmungen im Gehirn neuronal verwirklicht werden. Zudem sehen wir das Nervensystem immer noch viel zu sehr als ein im Grunde lineares, stationäres System, das als Reiz-Reaktions-Maschine funktioniert, was wahrscheinlich ganz falsch ist.

– *Vor 50 Jahren knackten die Biologen den genetischen Code – und hatten die Sprache vor sich, in der alles Lebendige abgefasst ist. Glauben Sie, dass es auch für Bewusstseinsprozesse einen ähnlichen Generalschlüssel gibt?*

– Innerhalb der Grenzen, die uns bei der Erklärung des Ursprungs des Universums und der Entstehung des Lebens gesetzt sind, werden wir auch die Entwicklung von Bewusstsein verstehen. Trotzdem bleiben ungeklärte Fragen: Was in aller Welt hat Energie dazu gebracht, sich nach dem Urknall genauso in Materie und Elemente zu kristallisieren, wie wir sie in unserer Welt beobachten? Weil ein paar Naturkonstanten genau eingestellt waren? Beim Bewusstsein wird die Antwort ähnlich unbefriedigend sein. Sie wird lauten: Es ist das Werk der blinden Evolution.

– *Wird es einen präzisen Zeitpunkt geben, an dem man wird sagen können: So, jetzt haben wir den neuronalen Code geknackt?*

– Dieser Zeitpunkt wird nicht so scharf definiert sein, wie er es beim genetischen Code war. Denn die Situation in unserem Fall ist viel, viel komplexer …

– *… die Genetiker wussten vorher auch nicht, wie einfach die Antwort auf das Rätsel der Vererbung sein würde.*

– Also gut. Lassen Sie mich mal in Utopien denken: Es müsste uns gelingen, einen Systemzustand zu definieren, der eine schlüssige Beschreibung für den kognitiven Inhalt unseres Bewusstseins ist. Das mag ein oszillierendes Ensemble sein, das hochsynchron schwingt, oder ein bestimmter Zustand in einem hochdimensionalen Raum, den ein nicht-lineares System aufsuchen kann, oder es kann irgendeine andere, sehr komplizierte Beschreibung von in jedem Falle dynamischen Zuständen sein. Wenn wir also das Alphabet dieser dynamischen Zustände und ihrer Übergänge entschlüsselt hätten und durch Messen dieser Zustände immer genau sagen könnten: »Aha, jetzt befindet sich das Gehirn wieder in so einem Zustand, also muss es jetzt eine bestimmte Vorstellung haben«, dann hätte ich die Ingredienzien für Bewusstsein so weit beschrieben, wie die Molekularbiologen die Ingredienzien des genetischen Codes beschrieben haben.

Bleibt das Problem, vor dem auch die Genetiker noch stehen: Sie haben zwar vollständige DNS-Sequenzen, aber sie wissen oft nicht, welche Proteine diese herstellen und was sie genau bewirken. Zudem treten die Gene in komplexer Weise miteinander in Wechselwirkung. Statt abgeschlossener Codierungseinheiten sieht man sich riesigen Sätzen gegenüber, in denen sich jedes Wort auf jedes andere bezieht. Mit den gleichen Problemen werden auch die Neurowissenschaften noch zu tun haben – nur auf einer sehr viel höheren Komplexitätsebene.

– *Welche Konsequenzen hätte die Entschlüsselung des neuronalen Codes?*
– Wir könnten Störungen besser identifizieren und kausale Erklärungen für gestörte Hirnfunktionen finden.
– *Epilepsie, Parkinson, Alzheimer. Alles heilbar?*
– Ich denke da an noch diffizilere Probleme. An die Frage zum Beispiel, warum ein Mensch Depressionen oder Denkstörungen hat. Wenn wir den Code hätten, dann könnten wir sehr viel präzisere Hypothesen formulieren, wo die Ursachen dieser Leiden zu suchen sind.
– *Nach der Entdeckung des genetischen Codes entzündete sich eine heftige Debatte darüber, ob nun das Erbgut manipuliert werden kann und darf. Stünde nach der Entdeckung des neuronalen Codes*

*dieselbe Debatte bei der Frage der Manipulation von Bewusstseins-
vorgängen ins Haus?*

– Die Debatte sollte doch längst entbrannt sein – und zwar
aus nahe liegenderen Gründen. Denken Sie an Drogen, deren
Gebrauch die Menschheit seit eh und je hervorragend beherrscht
und mit dem Bewusstseinszustände nachhaltig manipulierbar
sind. Denken Sie an die erschreckende Wirksamkeit von Indok-
rination und Demagogie, mit denen Millionen dazu gebracht
werden können, Abscheuliches zu tun. Das sind Instrumente der
Verhaltenssteuerung, die jeden Naturwissenschaftler zum Dilet-
anten werden lassen. Klar kann man manipulativ eingreifen,
und zwar umso gezielter, je mehr man weiß. Seit wir wissen, dass
Hirne elektrisch erregbar sind und dass Nervenzellen sich über
elektrische Signale austauschen, implantiert man in zunehmendem Maße Elektroden bei Patienten, um motorische oder künftig
auch sensorische Störungen zu behandeln.

*– Beim Plattwurm können Wissenschaftler schon heute von einem
Aktivitätsmuster von Nervenzellen auf eine Reaktion schließen.
Wäre Ähnliches auch beim Menschen denkbar?*

– Sie denken jetzt an Gedankenlesen? Nein, dafür sind die Bedingungen beim Menschen viel zu komplex. Ich sehe in einer für
mich interessanten Zukunft keine realistische Möglichkeit für
solche Optionen.

*– Aber der neuronale Code könnte im Computer programmiert und
Bewusstsein auf diese Weise simuliert werden?*

– In bescheidenen Ansätzen geschieht das ja schon. In den neu-
eren Rechnerarchitekturen verwendet man schon Algorithmen,
die der Biologie näher sind.

– Sie meinen die so genannten neuronalen Netzwerke?

– Genau. In naher Zukunft wird es hier wohl Durchbrüche
geben, dann nämlich, wenn sich Verarbeitungsprinzipien, die
wir im Gehirn zu erkennen beginnen, in Rechnerarchitekturen
umsetzen lassen. Allerdings erfordert das eine andere Hardware.
Mit herkömmlichen Digitalrechnern lässt sich das nicht machen.
Man muss Chips bauen, die analog rechnen, die also so ähnlich
funktionieren wie Nervenzellen. Das wird in relativ überschauba-

rer Zukunft zu Systemen führen, die wesentlich bedienerfreund
licher und fehlertoleranter sind. Außerdem werden sie Muste
und Sprache viel besser erkennen können. Trotzdem werden e
nichts anderes als komfortable Rechenschieber sein. Ich fürchte
mich vor denen nicht – selbst wenn sie im Schach gegen mich g
winnen.

– *Sie sagten vorhin, unser Gefühl, frei entscheiden zu können, en*
stehe durch sozialen Austausch. Das könnte auch für kommunizi
rende Rechner gelten. Kann ein Computer, sozusagen übers Interne
sozialisiert, zum eigenen Ich finden?

– Wenn Sie einen Rechner mit der nötigen Komplexität verse
hen; wenn Sie ihm dann das nötige Vorwissen mitgeben, da
wir zum Zeitpunkt der Geburt schon haben auf Grund unsere
während der Evolution erworbenen und in den Genen abgespe
cherten Wissens; wenn Sie ihn so appetitlich gestalten, dass ihm
Zuwendung gewährt wird und dass er gestreichelt, emotiona
eingebunden wird, und wenn Sie ihn dann in die Schule sch
cken – kurz und gut: Wenn Sie ihm halt all das zugestehen, wa
wir Menschenkindern auch zugestehen, dann könnte ich mi
durchaus vorstellen, dass er ein passabler Zeitgenosse wird.

– *Da ist es wohl einfacher, gleich ein Kind aus Fleisch und Blu*
aufzuziehen. Ist zu erwarten, dass es bald Schnittstellen zwischen
Computer und Hirn geben wird, über die sich beide austausche
können?

– Ich könnte mir vorstellen, dass man Hirnaktivität abgreif
diese mit Hilfe von sehr schnellen Parallelrechnern dekodiert und
z. B. zur Prothesensteuerung einsetzt.

– *Es gibt Versuche, Piloten über Hirnaktivität einen Flugsimulato*
steuern zu lassen.

– Ich würde da lieber nicht mitfliegen …

– *Ihre Zweifel am freien Willen des Menschen haben auch etwa*
Gespenstisches an sich: Würde sich, wenn sich diese Vorstellung
durchsetzt, unser Menschenbild nicht völlig verändern?

– Sicherlich, nur wäre das Menschenbild, das dabei entstünde
nicht ein gespenstisches, sondern ein im Vergleich zum heutiger
vermutlich humaneres. Im vergangenen Jahrhundert wurder

viele abnorme Hirnzustände entmystifiziert. Man hat zum Beispiel gelernt, dass Epilepsie keine Besessenheit ist, sondern einfach eine Entgleisung von Hirnstoffwechselprozessen. Zu ähnlichen Schlüssen werden wir auch im Hinblick auf abnorme Verhaltensweisen kommen. Nämlich dass es Störungen im Gehirn geben kann, die Menschen zu unangepasstem Verhalten veranlassen.

– *Aus Ihrer Vorstellung von der Nichtexistenz eines freien Willens folgen auch rechtliche Überlegungen: Der Mensch wäre nicht mehr verantwortlich für sein Tun. Müssen Sie dann nicht auch das Prinzip von Schuld und Sühne über Bord werfen?*

– Ja, ich halte dieses Prinzip für verzichtbar. An unserem Verhalten würde sich auch gar nicht viel ändern: Wir würden nach wie vor unsere Kinder erziehen, weil wir wüssten, dass wir ihnen und der Gesellschaft durch Erlernen sozialen Verhaltens das Leben erleichtern.

– *Aber ist dann nicht jede psychiatrische Feststellung von Schuldfähigkeit unsinnig, wenn man sowieso unterstellt, dass niemand schuldfähig ist?*

– Richtig. Unsere Sichtweise von Übeltätern würde sich eben ändern müssen. Man würde sagen: »Dieser arme Mensch hat Pech gehabt. Er ist am Endpunkt der Normalverteilung angelangt.« Ob nun aus genetischen Gründen oder aus Gründen der Erziehung, die gleich mächtig in die Programmierung von Hirnfunktionen eingehen, ist unerheblich. Ein kaltblütiger Mörder hat eben das Pech, eine so niedrige Tötungsschwelle zu haben.

Das heißt natürlich nicht, dass man deshalb tatenlos zusehen sollte. Natürlich muss die Gesellschaft reagieren: Einmal muss versucht werden, seine Hemmschwelle anzuheben, also Schulungs- oder Therapieprogramme anzuwenden. Außerdem muss sich die Gesellschaft vor gefährlichen Mitmenschen schützen, indem sie deren Freiraum begrenzt. Auch das Strafmaß bliebe variabel, man würde allerdings nicht mehr vom »Strafmaß« sprechen, sondern von »Verwahrungsmaß« oder »Schutzmaß«. Es müsste sich nach der Schwere der Normverletzung richten, aber auch danach, wie niedrig die Schwelle zum Fehlverhalten eingeschätzt wird.

– *Demokratie und Aufklärung basieren auf der Idee eines freien Menschen. Stellen Sie nicht all das in Frage, wenn Sie nun plötzlich behaupten: Alles bloße Illusion, was die sich damals in der Französischen Revolution ausgedacht haben?*

– Überhaupt nicht. Dass wir uns Freiheit zugestehen, ist eine Realität. Sie ist zwar nur aus der eigenen subjektiven Perspektive heraus erfahrbar. Aber das hat sie mit anderen kulturellen Realitäten gemein. Mit Wertesystemen verhält es sich genauso. Und wie real diese Konstrukte sind, läßt sich aus ihrer Wirksamkeit schließen. Die Französische Revolution ist da ein gutes Beispiel.

– *Wenn der Einzelne keinen freien Willen besitzt, wo verankern wir dann die Menschenwürde?*

– Vielleicht entsteht eine ganz andere Vorstellung von Würde. Wir kämen durch die Aufgabe dieses unverbrüchlichen, aber auch mit sehr viel Selbstbewusstsein und gelegentlich auch Arroganz behafteten Freiheitsbegriffes vermutlich zu einer demütigeren, toleranteren Haltung – einer weniger rechthaberischen Attitüde, weil wir vieles relativieren müssten, auch unser eigenes apodiktisches Tun. Wir müssten uns als in die Welt geworfene Wesen betrachten, die wissen, dass sie immer wieder Illusionen erliegen und keine wirklich stimmigen Erklärungen über ihr Sein, über ihre Herkunft und noch viel weniger über ihre Zukunft abgeben können.

– *Eine deprimierende Einsicht, die unser Selbstbewusstsein kränkt?*

– Ich könnte mir vorstellen, dass dabei humanere Systeme entstehen, als wir sie jetzt haben. Auch würden all jene unglaubwürdig werden, die vorgeben, sie wüssten, wie das Heil zu finden ist. Den mächtigen Vereinfachern würde niemand folgen wollen. So könnte ein kritisches, aber gleichzeitig von Demut und Bescheidenheit geprägtes Lebensgefühl entstehen, das durchaus Grundlage einer sehr lebbaren Welt sein könnte.

– *Herr Professor Singer, wir danken Ihnen für dieses Gespräch.*

Das Gespräch führten die Redakteure Johann Grolle und Gerald Traufetter. Erstveröffentlichung in: *Der Spiegel* 1/2001, S. 154-160.

Wahrnehmen ist das Verifizieren
von vorausgeträumten Hypothesen

KUNSTFORUM: *Im Augenblick steht die* Erforschung des Gehirns *im Zentrum der Aufmerksamkeit. Man spricht vom letzten dunklen Kontinent, der noch entdeckt werden müsste. Das menschliche Gehirn ist wohl eines der komplexesten natürlichen Systeme. Besteht denn eigentlich berechtigte Hoffnung, dass wir eines Tages hinreichenden Einblick in das Gehirn haben werden, um die wichtigen Funktionen zu erklären?*

WOLF SINGER: Das ist schwer zu sagen. In den letzten zwei Jahrzehnten wurden sicher beeindruckende Fortschritte bei dem Versuch erzielt, Hirnfunktionen reduktionistisch zu erklären, d. h., Verhaltensleistungen mit Abläufen im Zentralnervensystem zu korrelieren und Letztere bis hinunter zu molekularen Prozessen zu verfolgen. Neu ist in der Geschichte der Neurowissenschaften die Möglichkeit, fast lückenlos Analyseketten zwischen Hirnleistungen und zugrunde liegenden molekularen Prozessen herzustellen.

– *Sie sprachen gerade von reduktionistischer Erklärung. Ist denn in den Neurowissenschaften akzeptiert, dass man grundsätzlich alle psychischen Phänomene auf ihre biochemischen Grundlagen zurückführen und dadurch ohne Zuhilfenahme anderer Instanzen erklären kann? Ist der Mensch aus der Perspektive der Neurowissenschaft also eine* neuronale Maschine?

– Ich denke schon, dass die Neurowissenschaftler darin übereinstimmen, dass allen psychischen Phänomenen und Verhaltensleistungen neuronale Prozesse zugrunde liegen, ohne die es jene nicht geben würde. Es trifft sicher auch zu, dass man von dem Moment an, wo sich neuronale Vorgänge direkt auf elektrophysiologischer oder anatomischer Ebene untersuchen lassen, lückenlos nach unten bis zur molekularen und auch atomaren Ebene arbeiten kann, weil sich alle Zugänge innerhalb naturwissenschaftlicher Beschreibungssysteme erschließen. Innerhalb dieser

Beschreibungssysteme sind Übergänge von einem Beschreibungssystem zum nächsten lückenlos möglich. Man kann vom anatomischen auf das biochemische Beschreibungssystem übergehen, ohne dabei grundsätzliche Probleme vorzufinden. Das ist natürlich bei Beschreibungssystemen für Hirnleistungen wie der Psychologie, der Philosophie, der Erkenntnistheorie oder vielleicht auch der Soziologie anders. Sie beschreiben und analysieren Hirnleistungen, ohne auf das materielle Substrat Bezug zu nehmen. Bei diesem Übergang treten in der Tat Schwierigkeiten auf. Zwischen den geistes- und naturwissenschaftlichen Beschreibungssystemen lassen sich noch keine direkten Brücken schlagen. Zwischen ihnen ist kein lückenloser Übergang konstruierbar. Man begnügt sich hier mit Korrelationen. Man stellt fest, dass ein Verhaltensphänomen, das im Beschreibungssystem der Psychologie dargestellt wurde, auf einer neuronalen Funktion in einer bestimmten Region des Gehirns beruht, untersucht dann die Funktionsabläufe in dieser Region und akkumuliert Evidenzen, die diese Korrelation von verschiedenen Seiten erhärten sollen. Ein besonders aussagekräftiger Ansatz besteht darin, die neuronalen Prozesse zu beeinflussen und dadurch die entsprechende psychische Leistung zu verändern.

– *Man kann also noch nicht sagen, wenn bestimmte Neuronen aktiv sind oder wenn bestimmte chemische Substanzen ausgeschüttet werden und ein Mensch z. B. gleichzeitig ein bestimmtes Wort ausspricht, dass dann dieses Wort genau diese Neuronenaktivität ist?*

– So wie Sie dies jetzt dargestellt haben, würde das bedeuten, dass man sagt: Das Aussprechen dieses Wortes ist identisch mit einem bestimmten Vorgang im Gehirn. Das wird wahrscheinlich auch nie möglich sein. Man wird im besten Fall durch die Analyse neuronaler Vorgänge in der Lage sein zu sagen, ob er dieses Wort gesagt hat, auch wenn man es nicht gehört hat. Das heißt dann aber nicht, dass dieses Wort, das einen sozialen Bezug hat, also erst im Diskurs zwischen Gehirnen seine Bedeutung gewinnt, mit dem Prozess identisch wäre, der in einem Gehirn abläuft. Das Wort ist ein Kommunikationsvehikel, das bestimmte Konnotationen trägt, die ihm durch den Zuhörer verliehen werden.

Die Beschreibung von fast allen psychischen Phänomenen ist erst dadurch möglich, daß sich Gehirne gegenseitig abbilden, ein Gehirn über das andere urteilt oder einen Gesichtsausdruck interpretiert. Dadurch entsteht eine zusätzliche Dimension des intercerebralen Diskurses, die man kulturell oder historisch nennen kann und die dem reduktionistischen Ansatz der Neurowissenschaft, die die Prozesse in einem einzelnen Gehirn untersucht, nicht so zugänglich sein wird, dass man von Identität sprechen kann. Phänomene in dieser Dimension können nicht mit Prozessen innerhalb einzelner Gehirne identisch sein. Entsprechend werden sich Brückentheorien immer auf korrelative Ansätze beschränken müssen.

– *Sie sprachen zuvor von dem Bruch, der zwischen den Beschreibungssystemen der Neurowissenschaft und der Psychologie besteht. Das Gehirn wird meist als sich selbst organisierendes System verstanden. In der Physik oder der Chemie kennt man solche komplexen und dynamischen Systeme, bei denen unter bestimmten Bedingungen ein neues Verhalten emergieren kann. Wäre denn die Theorie solcher chaotischen Systeme ein Ansatz, den Brückenschlag zu realisieren?*

– Ich glaube nicht, denn auch chaotische Systeme unterliegen den Naturgesetzen. Die Definition von *Chaos* ist auf der Basis physikalischer Beschreibungen entstanden. Zudem ist es unwahrscheinlich, dass sich die Hirnprozesse tatsächlich als chaotisch darstellen lassen. Gemeinhin versteht man unter Chaos einen Prozess in einem nicht-linearen System, der Naturgesetzen strikt unterworfen ist und der sich lediglich dadurch auszeichnet, dass aufgrund kleiner Veränderungen in den Anfangsbedingungen sehr große und nicht in weite Zukunft hinein berechenbare Bewegungen entstehen können, obgleich alle Zustandsänderungen determiniert sind. Das *Gehirn ist als offenes System* einer Analyse hinsichtlich seiner chaotischen oder nicht-chaotischen Eigenschaften gar nicht zugänglich. Deterministisches Chaos kann man nur in einem geschlossenen System definieren, was das Gehirn mit aller Wahrscheinlichkeit nicht ist. Das Gehirn befindet sich in fortwährender Interaktion mit seiner Umwelt und verändert sich ständig, indem es lernt. Man kann hingegen sicher sagen, dass es sich beim Gehirn um ein hochkomplexes, nicht-lineares System handelt, das Eigenschaften aufweist, die in manchen Bereichen denen von chaotischen Systemen ähnlich sind, insbesondere, was die Möglichkeit zur Mustergenerierung und was die Nicht-Voraussagbarkeit von Trajektorien über große Zeiträume hinweg anbelangt.

– *Sie sagten, dass man das Gehirn als offenes System beschreiben müsste. Aus der Ecke der so genannten Biologie der Erkenntnis heraus wurde hingegen behauptet, dass das Gehirn wegen seiner Selbstreferentialität wesentlich als geschlossenes System verstanden werden muss. An diese Hypothese haben sich dann auch die* Konstruktivisten *angehängt, die betonen, dass das Gehirn keinen direkten Zugang zur Außenwelt hat, sondern dass es diese simuliert. Sind solche Theorien der Geschlossenheit in der Hirnforschung bereits überholt?*

– In ihrer Radikalität sind sie von der Hirnforschung nie akzeptiert worden. Die Neurobiologen wissen seit langem, daß die Hirnentwicklung zum Zeitpunkt der Geburt nicht abgeschlossen ist und dass sich ganz wesentliche strukturelle Veränderungen bis hinein in die Pubertät unter dem Einfluss von Erfahrung vollziehen. Die Spezifität der Hirnfunktionen beruht ausschließlich auf der Architektur der Verbindungen zwischen Nervenzellen. Das Programm residiert praktisch in dieser Architektur der Verbindungen und in deren Gewichtung, die in Grundzügen genetisch vorgegeben wird. Sie speichert gewissermaßen die während der phylogenetischen Entwicklung gewonnene Erfahrung über das Sosein der Welt. Mit diesem Vorwissen kommt das Gehirn auf die Welt. Bei höheren Wirbeltieren, insbesondere bei den Säugetieren, setzt sich die Strukturentwicklung jedoch extrauterin noch über viele Jahre fort. Nervenverbindungen werden nach funktionellen Kriterien stabilisiert oder vernichtet. Aus den insgesamt angelegten Verbindungen werden nur 30 oder 40 Prozent erhalten bleiben. Das sind diejenigen, die funktionell validiert wurden, d. h., dass sie Funktionen vermitteln, die sich im Kontext des Verhaltens und der vorgefundenen Umwelt als zweckmäßig erwiesen haben. Das betrifft alle Systeme im Gehirn, nicht nur die motorischen. Dort ist ein solcher »Lernvorgang«

unmittelbar einsichtig, da wir alle wissen, wie schwierig es ist, gehen oder Fahrrad fahren zu lernen. Das Erlernen dieser motorischen Fertigkeiten schlägt sich in Änderungen der Gehirnarchitektur nieder. Aber auch das Wahrnehmen und das Sprechen müssen gelernt werden. Alle diese Lernprozesse erfolgen auf der Basis von Strukturänderungen im Gehirn. Vom nur teilweise vorgefertigten Gehirn wird also eine Vielzahl von Fragen an die Welt gestellt, deren Beantwortung zu Strukturänderungen führt. Es wird in großem Umfang Information aus der Umgebung aufgenommen, um die Gehirnarchitektur zu optimieren. Deshalb scheint es mir unsinnig zu sein, das Gehirn als geschlossenes System anzusehen, das von vornherein nur unverrückbare Arbeitshypothesen mitbringt und danach die Erfahrung ordnet. Wie immer, wenn sich Streitigkeiten zwischen Schulen entwickeln, liegt die Wahrheit in der Mitte. Natürlich bringt das Gehirn sehr viel Vorinformation mit, interpretiert ausgehend von diesem genetisch verankerten Vorwissen und stellt präzise Fragen, aber die Überformung der ursprünglichen Architektur hängt von der Verfügbarkeit der Welt und von deren Struktur ab. Wenn man deshalb von einem selbstreferentiellen oder sich selbst organisierenden Prozess spricht, muss man das soziokulturelle Umfeld mit einbeziehen, in dem sich die Gehirne entwickeln. Dann allerdings ist das System selbstreferentiell, aber es hat dann heutzutage eine nahezu globale Dimension.

– *Die Hypothese von der Geschlossenheit leitet man auch ab vom* Prinzip der undifferenzierten Codierung (Heinz von Foerster) *der sensorischen Informationen in den neuronalen Bahnen. Daher steht zwar das Gehirn in Kontakt mit der äußeren Welt, übersetzt aber alles in seine digitale Sprache und erzeugt daraus erst jene Wahrnehmungsleistungen, die uns bewusst sind.*

– Das grenzt an eine Trivialität. Das Gehirn kann natürlich nur die Signale aus der Umwelt aufnehmen, für die es *Sinnessysteme* hat. Seit wir in der Lage sind, Teleskope und Mikroskope zu bauen, können wir deswegen sehr viel mehr Phänomene beobachten, als sie unseren Primärerfahrungen zugänglich sind. Aber selbst bei Zuhilfenahme solcher Instrumente nehmen wir

Welt nur durch die Filter von Sinnessystemen wahr, und das Sosein dieser Systeme ist durch die phylogenetische Entwicklung determiniert. Auf der Basis dieser sehr eingeschränkten Wahrnehmungsleistungen entstehen *Modelle von der Welt*, die keineswegs mit ihr identisch sind, die aber erweitert werden können durch wissenschaftliches und experimentelles Vorgehen. Das Spektrum der wahrnehmbaren Modalitäten kann überdies eben durch technische Hilfsmittel erweitert werden, aber wir sind letztlich auf die Kenntnisnahme dessen angewiesen, was durch unsere Sinnessysteme vermittelt wird.

– *Die Frage dabei ist wohl letztlich, ob die Sinnessysteme abbilden oder simulieren.*

– Das Gehirn interpretiert. Es wäre sicher falsch, Wahrnehmung als einen passiven Abbildungsprozess zu verstehen. Wir wissen, dass der Wahrnehmungsvorgang ein aktiver Prozess ist, wobei die Interpretationsregeln in der *Architektur des Gehirns* verankert sind. Die Art, wie wir Welt sehen, ist determiniert durch die Struktur unserer Gehirne, die vermutlich auch anders hätte ausfallen können. Wir hätten vielleicht nie nach kausalen Wechselwirkungen in der Umwelt oder nach dem Fluss der Zeit gesucht, wenn unsere Gehirne anders wären. Bei der Gewinnung von Erkenntnis bewegen wir uns in einem System, das immer nur auf der Basis von Informationen die Welt beschreiben kann, die durch unsere Sinnesorgane vermittelt sind. Wir sind gefangen im Regelwerk unseres Gehirns, das Relationen zwischen Ereignissen herstellt. *Erkennen* beruht immer darauf, dass man Bezüge zwischen Phänomenen erzeugt, die zunächst isoliert und ungeordnet sind. Dass wir das gerade so tun, wie wir dies tun, hängt mit der Architektur des Gehirns zusammen, die ist, wie sie ist. Und dass sie so ist, hat Gründe, die man zum Teil verstehen kann, wenn man darwinistischen Überlegungen folgt. So lässt sich z. B. der Mechanismus angehen, der bewirkt, dass wir gleichzeitig auftretende Ereignisse versuchen, miteinander in Verbindung zu bringen. Aber es können auch andere Ordnungsprinzipien existieren, die wir bislang noch nicht erfasst haben.

– *Dann gäbe es aber doch wieder eine Art der Geschlossenheit, die sich insbesondere auf die Hirnforschung auswirken würde, also wenn Hirne sich selber untersuchen und gefangen sind in Ordnungsbildungen, mit denen sie fast apriorisch sich selbst zu erklären suchen. Gibt es denn, wenn man dies einmal akzeptiert, auch Überlegungen in der Hirnforschung, wie man eventuell solche blinden Flecke entdecken und ausschalten kann?*

– Es gilt nicht nur für die Hirnforschung, sondern für die Wissenschaften im Allgemeinen, dass wir gefangen sind in den Beschreibungssystemen, in denen wir unsere Theorien und Modelle abbilden. Das war immer schon so, und das wird auch in alle Zukunft so sein. Nachdem wir physikalische Wechselwirkungen in der unbelebten Umwelt und die Prozesse im Gehirn mit den gleichen Verfahren untersuchen, unterliegen die Neurowissenschaften genau den gleichen erkenntnistheoretischen Einschränkungen wie die anderen Wissenschaftsdisziplinen. Wir beschreiben im Rahmen von Beschreibungssystemen, wir modifizieren sie, wenn wir auf Inkonsistenzen stoßen, aber wir können nicht für uns in Anspruch nehmen, dass wir damit Wahrheit im philosophischen Sinne zu Tage befördern. Wenn das so wäre, müsste es Zweige in der Wissenschaft geben, die abgeschlossen sind. Wir stellen hingegen aber fest, dass wir immer wieder Paradigmenwechsel durchmachen, unsere Beschreibungssysteme modifizieren und oft auch sehen, dass uns unsere Primärerfahrung getäuscht hat. Aber auch die Evidenz dieser Täuschungen erlangen wir natürlich wieder mit Hilfe von Geräten, die wir entwickelt und unseren Sinnessystemen angepasst haben, um Zugang zu Phänomenen zu bekommen. Wir sind in diesem *zirkulären Prozess* gefangen und werden uns auch durch »Fortschritt« nicht aus diesem befreien können.

– *Die Hirnforschung ist auch deshalb so interessant, weil in ihr alle Wissenschaften zusammenlaufen. Man könnte vermuten, dass aus der Hirnforschung neue Erkenntnisse zu gewinnen wären, wie wir Theorien erzeugen und welche Einschränkungen dabei Gehirne haben, um dadurch anderen Wissenschaften Anstöße zu geben. Die Erkenntnis des Zirkels wäre ja eine solche Einsicht.*

– Wir sind hinsichtlich der Erkenntnisfähigkeit absoluter Wahrheiten eingeschlossen. Ich halte es für wenig wahrscheinlich, dass Erkenntnisse über unser »Erkenntniswerkzeug« daran Grundsätzliches ändern können. Dennoch wird vermehrtes Wissen über Hirnfunktionen zu *Paradigmenwechseln* führen, zur Beantwortung von erkenntnistheoretischen Teilfragen. Natürlich wird das wachsende Verständnis von Hirnprozessen auch auf anderer Ebene Wissenschaften befruchten können. Wir lernen gegenwärtig, wie *kognitive Systeme im Gehirn* organisiert sind, wie kognitive Prozesse und Wahrnehmungsvorgänge ablaufen, und wir können dieses Wissen nutzen, um technische Geräte nachzubauen, die nach ähnlichen Organisationsprinzipien konzipiert sind und etwa *Mustererkennung* wesentlich besser leisten können als konventionelle Rechensysteme. Letztere müssen solche Probleme algorithmisch lösen, was sich als außerordentlich schwierig erweist. Wir werden sicher in der Lage sein, eine ganze Reihe von Servicefunktionen, wenn ich sie einmal so nennen darf, die in unseren Gehirnen ablaufen, um die Welt zu ordnen, in technischen Systemen zu implementieren.

– *Der normale wissenschaftliche Weg der Erklärung ist ja, komplexe Systeme in ihre Elemente zu zerlegen und dann zu versuchen, aus diesen und ihren Wechselwirkungen wieder das Verhalten des komplexen Systems zu rekonstruieren. Sie haben in Ihren jüngsten Arbeiten berichtet, daß im visuellen System die Nervenzellen rhythmisch synchron feuern, die auf denselben Gegenstand reagieren. Lassen sich solche* Synchronizitätsphänomene *mit den Vorstellungen der* Synergetik *vergleichen, wo angenommen wird, daß in komplexen Systemen durch wechselseitige Beeinflussung der Teile »Ordner« entstehen, die das chaotische Stimmengewirr, womit gelegentlich die Aktivität der Nervenzellen verglichen wird, »versklaven« und so eine Struktur zeitweise herausgehoben wird?*

– Ich muss ein bisschen ausholen, um dieses Problem schärfer zu fassen. Ein großes Problem der Hirnforschung ist die Frage der Integration der vielen im Gehirn parallel ablaufenden Prozesse. Bis vor nicht allzu langer Zeit dachte man noch, dass es irgendwo im Gehirn einen Ort geben müsse, an dem alle Informationen zusammenlaufen und an dem ein interpretierendes

Agens residiert, einem Homunculus ähnlich, der sich der alles anschaut.

– *Also so etwas wie die zentrale Recheneinheit im Computer?*

– Ja, so etwas. Auf der Spitze einer informationsverarbeitenden Pyramide vermutete man ein Agens, das über alles Bescheid weiß, alles zusammenfasst, interpretiert und dann gewisse Inhalte ins Bewusstsein, was immer dieses auch sein möge, transportiert. Wenn man Hirne untersucht, stellt man fest, dass es dieses integrierende Zentrum nicht gibt, dass z. B. visuelle Signale auf eine Vielzahl von Hirnrindenarealen verteilt werden, die sich alle mit Teilaspekten des Bildes auf der Netzhaut beschäftigen – mit Farbe, Bewegung, Form, Orientierung, Entfernung etc. –, aber man nirgendwo einen Ort findet, wo all diese Informationsfragmente wieder zusammengeführt werden könnten. Es entstehen also *Bindungsprobleme*, die es zu lösen gilt. Das Problem etwa, welche Merkmale mit welchen anderen Merkmalen verbunden werden müssen, um eine Figur zu ergeben. Das Problem hat man auch, wenn man in einer komplexen Szene wie in diesem Raum umherblickt. Dann muss man, bevor man ein bestimmtes Objekt identifizieren kann, sich erst darüber klar werden, welche Elemente eigentlich zu diesem Objekt gehören. Ich muss Sie beispielsweise vom Stuhl abtrennen, um Sie als Individuum erkennen zu können. Man muss also Bindungen zwischen Merkmalen herstellen und erkennen, dass sie eine Einheit konstituieren. Dieses Bindungsproblem stellt sich auf allen Ebenen der neuronalen Verarbeitung. Der klassische Ansatz zur Lösung des Bindungsproblems, der immer noch von vielen vertreten wird, geht davon aus, dass es doch einzelne Neuronen gibt, wenn schon der Homunculus nicht existiert, auf welche die Signale von merkmalsselektiven Neuronen konvergieren und die nur dann ansprechen, wenn das Objekt mit der entsprechenden Merkmalskombination vorhanden ist.

– *Die so genannten Großmutterzellen also, die man mit platonischen Ideen vergleichen könnte?*

– Ja, aber diese Codierungsstrategie lässt sich nur für die Repräsentation ganz weniger Muster realisieren, etwa für solche, die eine sehr schnelle Verhaltensreaktion erfordern und die wenig Vieldeutigkeit enthalten. Für die Repräsentation beliebiger Objekte oder Inhalte ist sie aber nicht tauglich, denn es sind im Gehirn nicht genügend Neurone vorhanden, um alle möglichen unterscheidbaren Muster darzustellen. Zudem müsste eine riesige Zahl von Nervenzellen für neue, noch zu erzeugende Objekte reserviert werden. Aufgrund seiner geringen Flexibilität und der daraus resultierenden kombinatorischen Explosion benötigter Schaltelemente erscheint diese Codierungsstrategie für die Repräsentation allgemeiner Muster ungeeignet. Deshalb hat man überlegt, ob nicht genau so, wie ein bestimmtes Merkmal konstituierend für viele verschiedene Objekte sein kann, auch eine Nervenzelle, die eines dieser Merkmale repräsentiert, für die Repräsentation ganz verschiedener Objekte genutzt werden kann. indem man viele Nervenzellen zu einem Ensemble zusammenspannt. Das Ensemble, nicht die einzelne Zelle, würde dann das Objekt repräsentieren. So könnte dann eine Nervenzelle zu verschiedenen Zeitpunkten an verschiedenen Ensembles teilnehmen. Auf diese Weise erhält man eine viel größere Flexibilität und spart Nervenzellen ein. Aber dann muss man die Antworten einzelner Nervenzellen so markieren, dass sie in ihrer Gesamtheit als zusammengehörig erkannt werden können. Der klassische Vorschlag ist, dass man einfach all die Nervenzellen, die sich mit einem bestimmten Objekt befassen, dadurch kennzeichnet, dass man sie stärker aktiv macht als alle anderen. Bald hat sich herausgestellt, dass diese Codierungsweise scheitert, wenn man mehrere Objekte gleichzeitig repräsentieren will, weil dann zu viele Neurone gleichzeitig verstärkt aktiv sind und man wieder nicht weiß, welche welches Objekt codieren. Deshalb der Vorschlag, den von der Malsburg wahrscheinlich als Erster klar formuliert hat, dass die Markierung der Zugehörigkeit im Zeitbereich vorzunehmen ist. Die Entladungen von Neuronen, die sich an der Codierung eines umschriebenen Objekts beteiligen, würden demnach dadurch ausgezeichnet, dass sie zeitlich synchron sind. Die Einzelantworten sollten also eine zeitliche Struktur besitzen. Die strenge Synchronisation dieser Aktivitäten im Millisekundenbereich könnte, so die Hypothese, benutzt werden, um die Neuronen auszuzeichnen, die ad hoc zusammengehören. Der Code ist daher relational, die Information über das Vorhandensein eines bestimmten Musters oder Objekts liegt in der Konstellation der jeweils synchron aktiven Neuronen.

– *Wie kommt dann eigentlich eine* Kontinuität des Wahrnehmenden und des Wahrgenommenen *zustande? Man hat doch den Eindruck, dass man als identische Person etwa einen Raum als Ganzen einigermaßen überblickt, auch wenn man mit seinen Augenbewegungen nur dieses und dann jenes herauspickt. Wie werden denn diese momentanen Flashs wiederum in der Zeit gebündelt?*

– Es muss *Integrationsmechanismen* geben, die auf verschiedenen Zeitskalen arbeiten. Auf einer sehr hochauflösenden Zeitskala, also im Millisekundenbereich, muss es Segmentierungs- und Bindungsprozesse geben, welche die visuelle Welt in einzelne, voneinander getrennte Objekte ordnen. Dazu werden die üblichen Gestaltkriterien benutzt, wie Kontinuität, Entfernung, Farbe oder kohärente Bewegung. Wenn diese Segmentierung erfolgt ist, dann müssen bei der Repräsentation von komplexeren Szenen die einzelnen Objekte einander zugeordnet und aufeinander bezogen werden. Das muss auf einer langsameren Zeitskala erfolgen und Speicherprozesse mit einbeziehen. Auch hier treten wieder Bindungsprobleme auf, denn die Objekte müssen mit den richtigen Partnern in Zusammenhang gebracht werden, damit klar wird, dass das Glas auf dem Tisch steht und nicht irgendwo in der Luft hängt. Ich vermute, dass dies auf der Basis zunehmend gröber gerasterter Zeitskalen erfolgt, wahrscheinlich auch wieder über die Synchronisierung von Aktivitäten. Erst auf einer Verarbeitungsstufe, wo alle Vieldeutigkeiten und Bindungsprobleme beseitigt sind und nur noch der aktuelle Wahrnehmungsinhalt repräsentiert wird, kann auf den zeitlichen Code verzichtet werden. Ob auf diesen höheren Verarbeitungsstufen noch weiter periodisch moduliert werden muss, um dann in der Motorik entsprechende Muster wachzurufen, oder ob dies auch durch zeitlich unstrukturiertes An-Sein bewirkt werden kann, ist nicht bekannt.

– *Eine Frage etwas nebenbei: Im Augenblick werden die so genann-*
ten Mind Machines *entwickelt und auch schon mit großen Verspre-*
chungen verkauft, mit denen man versucht, die Impulse von Hirnfel-
dern direkt elektronisch zu stimulieren und durch Feedback in gewissem Ausmaß steuern zu können. Ist es denn auch denkbar, solche
Maschinen zu entwickeln, mit denen man ganz gezielt bestimmte
Hirnareale stimulieren könnte, um komplexe Wahrnehmungen, vielleicht im Sinne eines Mind-Cinema, zu erzeugen?*
– Letzteres halte ich für wenig wahrscheinlich, aber was die
»Mind Machines« anbelangt, so ist das Verfahren ja nichts Neues.
Seit der Mensch angefangen hat, zu singen und Musik zu machen, nutzt er die Möglichkeit, durch das Erzeugen von Rhythmen auf dynamische Hirnprozesse einzuwirken. Das Gehör wurde ursprünglich dazu benutzt, Freunde und Feinde zu erkennen
und soziale Signale zu empfangen, aber man kann das Gehör
genauso wie die anderen Sinnesorgane auch dazu benutzen, um
durch strukturierte Reize ganz bestimmte Zustände im Gehirn
auszulösen. Komponisten und Lyriker nutzen diese Möglichkeit.
Jeder kennt auch die Effekte, die monotoner Rhythmus oder
stroboskopisches Licht auslösen; man weiß sogar, dass Letzteres
in bestimmten Frequenzen epileptogen ist, also zu Krampfanfäl-
len führen kann. Bei jeder Reizung werden über die Sinnessysteme elektrische Impulse in Nervenzellen erzeugt, die dann in der
gehirneigenen Sprache weiterverwendet werden. Ich sehe nicht,
was an den Mind Machines besonders neu sein soll.
– *Neu wäre, dass die Tendenz dahin geht, keine äußeren Objekte
oder Rhythmen mehr zu schaffen, sondern direkt auf die Hirnprozesse einzuwirken. Der Umweg über Artefakte oder »Kunstwerke« wäre
dann nicht mehr notwendig.*
– Abgesehen von der Tatsache, dass es schwierig sein dürfte,
durch solche globalen Techniken subtil geordnete Zustände im
Gehirn zu erzeugen, sehe ich nicht, dass die Musik einen größe-
ren Umweg macht als diese hypothetisch direkten Verfahren. Es
werden Tonfolgen und Rhythmen erzeugt, die man nicht in
Bilder oder in rationale Sprache übersetzen kann und die über
das Ohr direkt in Erregungszustände von Nervenzellen umgesetzt

werden. Bei den Mind Machines werden die Sinnesorgane auch gar nicht umgangen. Man geht den ganz konventionellen Weg, indem man Blitzlichter und Minimal Music einsetzt. Was anderes wäre es, wenn man durch das Anbringen von Elektroden direkt im Gehirn bestimmte Rhythmen erzeugte. Wenn man bestimmte Gehirnzentren elektrisch mit den richtigen zeitlichen Parametern reizt, dann kann dies zur Betäubung von Schmerzen oder zu Wohlbefinden, aber auch zu Schmerz oder Angst führen. Ähnliches aber lässt sich auch durch Reizung der Sinnesorgane bewirken, die ja nichts anderes tun, als Sinnesreize in elektrische Aktivität umzusetzen, die zeitlich und räumlich strukturiert ist.

– *Aus dieser Perspektive ließe sich* Kunst *als das Herstellen von Objekten oder Ereignissen verstehen, mit denen sich das Gehirn selbst stimuliert, um in bestimmte Zustände zu gelangen.*

– Sicher, Kunst ist eine Sprache, die die Möglichkeit nutzt, über die vorhandenen Sinnessysteme Zustände im Gehirn zu beeinflussen. Das ist bei der Musik am einsichtigsten, aber das gilt genauso für die darstellenden Künste. Ganz offensichtlich gibt es dabei auch interindividuelle Konsistenzkriterien, weil sich sonst die Kunstprodukte in bestimmten Epochen nicht so ähnlich wären. Ob es *ästhetische Universalien* gibt, lässt sich vermutlich gegenwärtig noch nicht angeben.

– *Wenn Gehirne sich permanent verändern und neuen Bedingungen anpassen, könnten solche Universalien doch nur höchst allgemein sein.*

– Ja, unsere Gehirne entwickeln sich nach der Geburt noch sehr stark weiter und bilden ihre kognitiven Strukturen unter dem Einfluss der Umwelt aus, so dass ein Gehirn, das von Geburt an mit abendländischer Musik konfrontiert ist, andere kognitive Kriterien für Musik entwickeln wird als ein Gehirn, das mit asiatischer Musik aufwächst. Dennoch lässt sich am Beispiel der verschiedenen Weltsprachen zeigen, dass diesen trotz aller Unterschiede eine gemeinsame Tiefenstruktur zugrunde liegt.

– *Paul Feyerabend hat einmal eine* Analogie zwischen Wissenschafts- und Kunststilen *gezogen, weil wir uns ästhetisch und kognitiv immer in den Welten bewegen, die wir erzeugen und in denen wir uns durch Traditionen vorgeprägt vorfinden. Weil uns Objektivität in der Erkenntnis nicht zugänglich ist, wären Wissenschaften ähnliche Welterzeuger wie die Bilder der Künste.*

– Ja, das sehe ich auch so. Der kreative Prozess in der Wissenschaft ist derselbe wie in der Kunst. Der Erkenntnisprozess in der Wissenschaft fängt mit dem Generieren von Hypothesen an, die zunächst intuitiv erfasst werden, wobei sehr oft ästhetische Konsistenzkriterien zugrunde gelegt werden, die oft gar nicht rationalisierbar sind. Man sucht offenbar nach ganz ähnlichen Kriterien wie der Künstler: nach Stimmigkeit oder Geschlossenheit. Sehr vieles in der Wissenschaft wird von der Ästhetik dominiert. Eine wissenschaftliche Theorie wird dann vom Kreis der Eingeweihten als gültig angesehen, wenn sie erstens widerspruchsfrei mit vorhandener Evidenz ist, und zweitens, wenn sie schön ist. Sie muss einfach sein und befriedigen. Ganz ähnlich geht der Künstler vor; nur der Stoff, mit dem er umgeht, ist ein anderer. Auch der Künstler bildet Welt ab, wie er sie interpretiert, also innerhalb eines Beschreibungssystems, er schafft neue Wirklichkeiten, neue Interpretationen, was der Wissenschaftler auch tut, wenn er ein Modell des Erfahrbaren erzeugt. Natürlich ist der Vorwurf und das Handwerk anders, aber die zugrunde liegenden Prozesse scheinen mir bei Wissenschaft und Kunst sehr ähnlich zu sein.

– *Wir haben viel von Wahrnehmung und Informationsverarbeitung gesprochen. Dazu gehört auch die Möglichkeit, dass wir unsere Wahrnehmung durch* Aufmerksamkeit *steuern können, um so bestimmte Ausschnitte der erfahrbaren Welt herauszuheben. Wie erklärt man denn neurowissenschaftlich diese Möglichkeit, durch Aufmerksamkeit Wahrnehmung zu steuern? Und wodurch wird die Aufmerksamkeit erregt? Offenbar schleift sich unsere Wahrnehmung ab und braucht immer den Reiz des Neuen.*

– Darüber ist noch nicht allzu viel bekannt. Man weiß, dass die Aufmerksamkeitssysteme distributiv organisiert sind. Zu ihnen gehören die relativ unspezifisch organisierten Strukturen, die etwa den Schlaf- und Wachrhythmus regulieren, die das Hirn aufwecken, wenn es plötzlich laut wird. Aber es gibt auch innerhalb der einzelnen kognitiven Systeme Vorgänge, die dazu dienen, aus der Fülle der Reize, die ständig auf uns einströmen, nur die herauszupicken, die einer weiteren Verarbeitung zugeführt werden sollen. Diesen *Prozess der selektiven Aufmerksamkeit* kann man sehr gut untersuchen und stellt dabei fest, dass bestimmte Reize sozusagen die Aufmerksamkeit auf sich ziehen. Wenn ein neuer Reiz im Gesichtsfeld auftaucht, führt das zu stärkeren Reaktionen, weil die Neuronen, die sich mit Vorhandenem beschäftigen, sich bereits adaptiert haben. Neuronale Antworten auf neue Reize ragen sozusagen wie Gipfel aus dem Wolkenmeer adaptiver Antworten und fallen dadurch auf. Das sind dann auch die Antworten, die mit größerer Wahrscheinlichkeit weitergeleitet werden und somit per se schon Aufmerksamkeit auf sich ziehen. Dann gibt es aber auch den Prozess, der von oben nach unten abläuft, der wahrscheinlich über Erwartungswerte gesteuert wird und der wie ein Suchprozess wirken kann. Dabei werden ganz bestimmte Neuronengruppen in der Peripherie gefördert, die jetzt gerade gebrauchte Inhalte vermitteln. Die verschiedenen Sinnesorgane befinden sich in ständiger Konkurrenz untereinander. Man kann nicht alle gleichzeitig verarbeiten. Wenn sich dann auf höheren Verarbeitungsstufen ein Zustand eingeschwungen hat, der einigermaßen konsistent ist und zu seiner Vervollständigung z.B. noch zusätzlicher verbaler Informationen bedürfte, dann kann das System durch einen »Topdown«-Prozess, einen vom Zentrum nach der Peripherie gerichteten Prozess, das akustische System besonders erregbar machen, vor allem die Sprachregionen und, wenn man sich in England befindet, sogar die Sprachregionen, in denen die englische Sprache niedergelegt ist, um eventuell vorhandene Informationen begünstigt durchzulassen. So stellt man sich das Regulieren selektiver Aufmerksamkeit vor. Wenn man einer Versuchsperson durch einen Vorreiz ankündigt, in welchem Bereich des Gesichtsfeldes in Kürze ein Reiz auftauchen wird, dann sind dort die Schwellen für die Reizweiterleitung deutlich niedriger. Das kann man messen. Dieser Prozess kann aber überspielt werden, wenn man plötzlich woanders etwas aufscheinen lässt, was sehr hell ist und sich sehr schnell bewegt. Dann wird dieser neue Reiz über den intern generierten Suchprozess gewinnen und die Aufmerksamkeit auf diese Reize gelenkt.

– *Gibt es denn neurowissenschaftlich Hinweise darauf, wie unser Gehirn Wahrnehmungen von Objekten und solche von Bildern unterscheidet?*

– Dafür gibt es, glaube ich, keine geschlossenen Theorien. Das System hat natürlich Zugang zu allen Informationen, und wenn es vor Bildern steht, sieht es, dass es sich um ein zweidimensionales Gebilde handelt, wenn es sich nicht um ein perfekt konstruiertes perspektivisches Bild handelt, welches das visuelle System täuscht. Wenn ich auf einer Fläche einen Stuhl sehe, dann kann ich durch eine leichte Verschiebung meines Kopfes feststellen, ob die bei dreidimensionalen Gegenständen zu erwartenden Parallaxenbewegungen eintreten. Tun sie das nicht, dann weiß ich, dass es sich um ein Bild handelt.

– *Wenn man den* Cyberspace *oder die Virtuelle Realität weiter perfektioniert, wo man sich in einer dreidimensionalen Szene wie in einer Umwelt bewegen kann und der Vergleich von Bild und Umwelt nicht mehr möglich ist, weil man einen so genannten Datenhelm aufhat, dann wäre doch für das visuelle System eine Differenzierung nicht mehr möglich?*

– Man kann das System natürlich täuschen. Ich habe selber in Flugsimulatoren gesessen. Wenn man sich dort längere Zeit aufhält und handeln muss, man nicht reflektieren kann, dass man sich in einer vorgespiegelten Welt befindet, dann wird die Illusion zur erlebten Wirklichkeit. Das erfordert allerdings, dass keine Widersprüche eintreten, dass innerhalb der Sinnessysteme ein konsistentes Bild entsteht. Wenn die Scheinwelt aber der »Wirklichkeit« entspricht, dann gibt es für das System keine Möglichkeit, sich vor dieser Täuschung zu retten.

– *Tritt denn die* Simulationskrankheit *dann auf, wenn solche Widersprüche zwischen verschiedenen Sinneskanälen bestehen?*

– Ja, die Seekrankheit ist dafür ein Beispiel. Wenn man Sie beispielsweise in einen Zylinder setzt, dessen Innenwände mit vertikalen Streifen bemalt sind und der sich langsam um Sie herum bewegt, dann wird Ihr Gehirn ziemlich bald davon ausgehen, dass Sie sich selbst rotierend bewegen und nicht die Umwelt. Der Grund ist, dass es sehr viel wahrscheinlicher ist, dass Sie sich bewegen, als dass sich alles gleichförmig um sie herum bewegt. Von diesem Moment an interpretiert das Nervensystem alle weiteren Eindrücke auf der Basis dieser Arbeitshypothese. Wenn Sie jetzt den Kopf neigen, dann antizipiert Ihr System eine Signalfolge aus Ihrem Gleichgewichtsorgan, die bei Eigenrotation zu erwarten wäre. Es kommt aber etwas ganz anderes. Das führt dann sehr schnell zu Übelkeit. Dasselbe geschieht bei der Simulatorkrankheit und in der Schwerelosigkeit, wo es zu Widersprüchen zwischen den vermittelten Sinnessignalen und dem daraus synthetisierten Konzept kommt. Warum das zur Übelkeit führt, weiß man nicht. Vielleicht ist es ein guter Schutzmechanismus, dann nichts mehr zu tun und sich gewissermaßen tot zu stellen. Ein verwandtes, unaufgelöstes und hochinteressantes Phänomen ist, wie das Gehirn überhaupt weiß, dass die Bilder, die es sich von der Welt macht, tatsächlich als Folge von äußeren Aktivitäten entstehen und nicht ausschließlich selbst generiert sind, wie das bei *Halluzinationen und Träumen* ja der Fall ist. Beides illustriert übrigens, wie aktiv, synthetisierend und interpretierend das System vorgeht. Wahrnehmen ist, so könnte man sagen, das Verifizieren von vorausgeträumten Hypothesen. Die Sinnessysteme sind nur ganz lose in die verarbeitenden Strukturen eingekoppelt, bedingen dort Symmetriebrechungen und modulieren Aktivitätszustände, aber das System ist von sich aus ständig aktiv und auf der Suche nach Kohärenz. Wenn man zu lange dem System von außen keine stimmigen Signale gibt, wie man das bei sensorischer Deprivation beobachten kann, dann beginnt man zu halluzinieren, weil das System dann von sich aus irgendwelche Interpretationen in der festen Annahme liefert, dass irgendetwas da sein muss. Der Übergang von der Wahrnehmung zum Traum ist fließend, wie man aus den vielen Wahrnehmungstäuschungen weiß.

– *Das Gehirn halluziniert sich also seine Umwelt, wenn es keine Außenreize erhält. Gibt es, um dem entgegenzuwirken, auch ein*

Bedürfnis, solche eindeutigen äußeren Reize zu erhalten, die diesen Mechanismus unterbrechen und sozusagen wieder in die Realität führen?

– Da gibt es ein während der Phylogenese erworbenes Organisationsprinzip, das bewirkt, dass das Gehirn in aller Regel das, was draußen passiert, ernst nimmt. Letztlich ist das Nervensystem ja dafür entwickelt worden, den Organismus, der es trägt, so lange heil über alle Widrigkeiten zu bringen, bis er sich dann endlich fortgepflanzt hat. Die Fähigkeit des Gehirns, prädiktive Modelle von noch ausstehenden Ereignissen zu bilden, um sich schneller anpassen zu können, ist relativ rezent. Aber wenn es einmal ein System gibt, das auf der Basis von *Erfahrung* solche prädiktiven Modelle entwickeln kann, was die Speicherung von Erfahrungsinhalten voraussetzt, dann muss es kombinatorisch spielen können. Was als Repräsentation internalisiert wurde, muss in verschiedene Bezüge gestellt werden, um prüfen zu können, was alles passieren könnte. Damit sich das Gehirn die Mühe macht, dieses kombinatorische Spiel zu spielen, muss es belohnt, also von internen Bewertungszentren als angenehm dargestellt werden. Das ist auch offensichtlich so. Wir sehen das bei Kindern, die nichts anderes tun, als mit den zum Teil angeborenen und zum Teil erworbenen Repräsentationen *Planspiele* durchzuführen. Zusätzlich muss es ein internes *Bewertungssystem* geben, von dem wir noch wenig wissen, welches die jeweils gefundenen Konstellationen bewertet und die passenden von den unpassenden trennt. Das ist auch das, was ein Wissenschaftler macht, wenn er Theorien bildet, und was ein Künstler macht, wenn er etwas herstellt. Irgendwann weiß er, dass es jetzt passt. Was der Künstler und der Wissenschaftler machen, ist nichts anderes, als der Neugierde und dem Verlangen nach dem kombinatorischen Spiel nachzugeben und, losgelöst vom utilitaristischen Alltagsgeschäft des Lebens, dieses kombinatorische Spiel weiterzuspielen. Dadurch entstehen *Modelle der Welt*. Dieses Spiel ist offenbar so tief in der *Architektur des Gehirns* verankert, dass es gespielt werden muss, wenn das System überhaupt sinnvoll zum Lösen von Alltagsproblemen eingesetzt werden soll. Manche spielen das sehr gut, manche weniger gut, aber alle spielen. Insofern ist jeder, der wahrnimmt, in einem gewissen Sinne ein Künstler, weil er Modelle von der Welt erzeugt, interpretiert und selber seine Stimmigkeitskriterien generiert.

– *Vermutlich gibt es bestimmte biologische Randbedingungen, innerhalb deren so etwas erkannt werden kann. Wenn man das Beispiel des bewegten Bildes nimmt, dann kann man sehen, dass hier die Geschwindigkeit immer weiter forciert wird, die Szenen immer schneller wechseln, wir aber trotzdem in der Lage sind, uns diesem Beschleunigungsprozess anzupassen, was Menschen vielleicht vor 100 Jahren noch nicht gelungen wäre. Ein gutes Beispiel sind die Musikvideos. Können sich denn die Verpackungsgeschwindigkeiten, mit denen die Gehirne Informationen bündeln, verändern, oder gibt es hier eine Schallgrenze? Das Sich-Aussetzen dieser offenbar in gewissem Rahmen plastischen Grenze muss von den Menschen wohl auch als lustvoll empfunden werden.*

– Es ist schwer zu sagen, wo die Grenze liegt. Aber es gibt sicher eine, weil die Verarbeitungsgeschwindigkeit im Gehirn durch physikalische Randbedingungen begrenzt ist. Ob wir diese Grenze mit den Videoclips erreicht haben, weiß ich nicht. Was mich allerdings persönlich anbetrifft, ist die Grenze erreicht. Ich kann dem nicht folgen, mich verwirrt das, und es bereitet mir auch kein Lustgefühl. Wir wissen aus der Klinik, von Drogenproblemen und von der Lust an der Gefahr, dass das Anfluten von Reizen für das Gehirn zumindest vorübergehend mit Lust verbunden ist. Sicher kann man insgesamt lernen, schneller zu werden und Reaktionszeiten zu verringern. Das Hirn hat ja auch trainiert werden können, differenzierte Sprachen oder die Mathematik zu lernen, aber ich glaube, wir müssen diesen *Anpassungsprozess* mit großer Aufmerksamkeit verfolgen. Wenn wir beispielsweise unsere Kinder trainieren, die Aufmerksamkeitsspanne auf so kurze Segmente zu reduzieren, wie sie jetzt in Videoclips gefordert werden, und man ihnen wie beim Fernsehen die Möglichkeit nimmt, ihre selektive Aufmerksamkeit von innen heraus zu lenken und über beliebig lange Zeitläufte auf Objekte zu konzentrieren, die verarbeitet werden wollen, dann überfordern wir möglicherweise die Mechanismen, die die selektive Aufmerksamkeit steuern, und lassen sie dadurch verkümmern. Aufmerksamkeitsspannen über lange Zeit aufrechtzuerhalten ist zwar anstrengend, aber notwendig, um zum Beispiel komplexe gesprochene Sprache zu verstehen. Hier muss man auch oft die Klammer aufmachen und dann sehr lange offen lassen, bevor man sie wieder schließen kann. Wenn man diese Fähigkeit nicht trainiert, indem man zu kurze semantische Blöcke anbietet, die in sich geschlossen sind, und wenn man nicht selbst auswählen kann, wohin man blickt, was beim Fernsehen in extremer Weise der Fall ist, weil der Kameramann den Blick lenkt, dann geht möglicherweise eine Funktion verloren, die zur Durchdringung komplexerer Zusammenhänge sehr wichtig ist.

Erstveröffentlichung in: *Kunstforum International*, Bd. 124, November/Dezember 1993, S. 128-135.

»Der Himmel wird leer gefegt«

DIE WOCHE: *Professor Singer, Sie sind Mitglied der Päpstlichen Akademie der Wissenschaft in Rom, die den Vatikan in naturwissenschaftlichen Fragen berät. Hat man Ihnen dort schon mal die Frage gestellt, ob Sie bei der Hirnforschung den Ort der Seele gefunden haben?*

WOLF SINGER: Nach der Seele gefragt worden bin ich nicht, nein. Wir haben uns bisher mit der Evolutionstheorie beschäftigt, was immerhin dazu führte, dass die Kirche sich dazu durchgerungen hat, sie als eine verfolgenswerte Hypothese anzuerkennen.

– *Was würden Sie antworten, wenn Kardinal Ratzinger Sie nach der Seele fragen würde?*

– Tja, ich würde ihm sagen, dass diese sich in der Definition, die Ratzinger zugrunde legen würde, dem Zugriff der Naturwissenschaften entzieht, dass wir sie auf unserem Weg nicht finden können und dass sie in den Zuständigkeitsbereich der Metaphysik fällt.

– *Also würden Sie Descartes' Dualismus, die Trennung von Leib und Seele, ablehnen?*

– Ja, und ich weiß mich da in guter Gesellschaft mit vielen Philosophen. Diese dualistische Sichtweise kann das Interaktionsproblem von Körper und Seele nur schwer bewältigen. Was nicht heißt, dass es keinen Raum für Metaphysik gibt.

– *Das bedeutet, Sie setzen die Begriffe Bewusstsein und Seele gleich?*

– Ich habe ein Problem mit dem Begriff Seele. Was verstehen Sie darunter?

– *Etwas, das überlebt, wenn wir tot sind.*

– Wenn Seele das Immerwährende ist, das uns und zugleich alles überdauert, was wir sind, dann hat dieses Konstrukt in naturwissenschaftlichen Beschreibungssystemen keinen Platz. Wir bemühen uns nachzuvollziehen, wie aus Eizellen Organismen, schließlich denkende und dann bewusstseinsfähige Individuen werden. Wir können diese Entwicklung nahezu lückenlos im Rahmen naturwissenschaftlicher Beschreibungssysteme nachvollziehen. Das Gleiche gilt auch für die Evolution. Das bedeutet aber auch, dass das, was unsere Persönlichkeit ausmacht, mit unserem Tod wieder in sich zusammenfallen wird. Wenn dann trotzdem etwas übrig bleibt, dann ist dieses Etwas nicht mehr im Rahmen naturwissenschaftlicher Beschreibungssysteme darstellbar und muss insofern geglaubt werden.

– *Müsste es nicht Anspruch der Naturwissenschaften sein, ein so uraltes Konzept wie die Seele auch mit naturwissenschaftlichen Methoden einzugrenzen?*

– Naturwissenschaft kann sich nur mit Phänomenen befassen, die reproduzierbar sind. Wenn es eine überzeugende Evidenz für das Wiederkommen von Seelen gäbe und wenn diese so häufig wäre, dass man konsistente Muster feststellen könnte, dann wäre dies natürlich auch ein Vorwurf für naturwissenschaftliche Fragestellungen. Nur scheint es derzeit keine Evidenzen dafür zu geben, zumindest keine, die sich mit unseren Instrumenten fassen ließen.

– *Wenn es keinen Ort für die Seele gibt, gibt es einen für das Bewusstsein?*

– Es gibt keinen ausgewiesenen Ort im Gehirn, wo der »Beobachter« sitzt und auf einer inneren Leinwand Bilder von der Welt betrachtet. Unsere Wahrnehmungen sind das Ergebnis sehr verteilter, parallel ablaufender Teilprozesse, die auf wundersame Weise miteinander so verbunden werden, dass ein kohärentes Ganzes entsteht. Wir haben nach wie vor Schwierigkeiten, uns vorzustellen, wie aus diesen Vorgängen die Erfahrung der Ich-Perspektive wird. Aber vermutlich lässt sich das Problem der Ich-Konstitution angehen, indem man nicht nur Prozesse in einzelnen Gehirnen studiert, sondern die sozialen Interaktionen mit einbezieht, über die verschiedene Personen oder verschiedene Gehirne sich gegenseitig wahrnehmen und abbilden. Wir nennen das den Erwerb einer »Theorie des Geistes«.

– *Zwischen tierischem und menschlichem Bewusstsein klafft offenbar eine riesige Kluft. Worauf ist dieser qualitative Sprung zurückzuführen?*

– Die zunehmende Komplexität von Gehirnen hat Leistungen

hervorgebracht, die schließlich den interpersonellen Diskurs ermöglicht haben, der seinerseits wieder für die Hervorbringung von Kultur unerlässlich war.

– *Die Datenspeicherung und Weitergabe von Informationen ist doch sicherlich ein zentrales Element dabei. Das Bewusstsein des Menschen beginnt zwar als »Tabula rasa«, kann aber letztlich auf dem Erfahrungsschatz von Generationen aufbauen.*

– In der kulturellen Evolution ist es möglich, zu Lebzeiten gewonnene Erfahrungen an die nächste Generation weiterzugeben, sie zu konservieren und immer weiter zu tradieren. Dies hat einen enormen Beschleunigungseffekt. Und weil Gehirne während der Entwicklungsphase so stark prägbar sind, lässt sich durch Erziehungsprozesse die funktionelle Architektur der Gehirne der nächsten Generation verändern, so dass diese zu neuen Leistungen befähigt sind. Unsere heutigen Gehirne unterscheiden sich von denen unserer Höhlen bewohnenden Vorfahren nicht auf Grund der genetischen Anlagen – die dürften wenig verändert sein. Aber aufgrund der frühkindlichen Prägungsprozesse muss man annehmen, dass in der Feinverschaltung Modifikationen vorgenommen werden, die es früher nicht gab.

– *Kultur ist also ein Erscheinungsbild der biologischen Evolution?*
Sie ist die Folge eines kontinuierlichen evolutionären Prozesses. Wie soll es denn anders gewesen sein?

– *Sie konnte in Form eines Weltgeistes oder eines ähnlichen metaphysischen Konzeptes die Biologie beseelen.*

– Dazu müsste man sich vorstellen, dass es irgendeine kritische Phase in der Entwicklung komplexer Strukturen gegeben hat, die diese plötzlich empfänglich machte für Kräfte aus einer jenseitigen oder metaphysischen Welt. Das kann sein, mir erscheint so etwas aber sehr unwahrscheinlich, weil ich beim Betrachten der Entwicklung eines Menschenkindes diesen Moment irgendwann zu fassen kriegen müsste. Es ist wenig wahrscheinlich, dass die Ansammlungen von Zellen im frühen Embryonalstadium schon Qualitäten wie Empfindungen, Bewusstsein oder Seele haben. Diese Eigenschaften entwickeln sich kontinuierlich. Das Neugeborene hat noch eine sehr, sehr unreife Großhirnrinde, ist nicht in der Lage, irgendwelche abstrakten Konzepte zu entwerfen, kann nicht sprechen, versteht auch Sprache nicht. Es dauert zwei, drei Jahre, bis langsam Ich-Konzepte entstehen, bis die kleinen Wesen in der Lage sind, sich im Spiegel zu erkennen oder über ihre Intuitionen nachzudenken, bevor sie etwas tun. Es lässt sich sehr klar beobachten, wie die Ausreifung von Hirnstrukturen mit dem Erwerb dieser Leistungen einhergeht. Wo und wie sollte während dieser kontinuierlichen Entwicklung plötzlich diese andere Welt vom Gehirn Besitz ergreifen?

– *Gegenfrage: Wie entsteht aus der evolutionären Vermehrung von Gehirnzellen das Wunder des Bewusstseins?*

– Wenn Sie die Evolution der Gehirne nachvollziehen, dann sehen Sie: Das Einzige, was sich wirklich dramatisch ändert, ist die Zunahme des Volumens der Großhirnrinde. Aber die Strukturen bleiben die gleichen, es wird nur mehr Rechenkapazität verfügbar. Dadurch werden offenbar zusätzliche Funktionen realisierbar, die sich dann äußern in Sprach- und Reflexionsfähigkeit und in der Fähigkeit, Kultur zu entwickeln, Differentialgleichungen zu lösen, »Ich« zu sagen und zu philosophieren.

– *Glauben Sie, dass sich Maschinen, künstliche Gehirne, irgendwann so komplex organisieren lassen, dass sie Selbstbewusstsein entwickeln könnten?*

– Eine Funktion wie Selbstbewusstsein kann nur im sozialen Diskurs entstehen, in der Spiegelung im anderen. Insofern müssten solche Kunstwesen dann natürlich auch sozial eingebettet sein. Die müssten die gleichen Erziehungserfahrungen durchmachen, die müssten gestreichelt, geliebt, erzogen, integriert werden. Sie müssten also genau dieselben Gehirnarchitekturen haben wie wir. Diese lassen sich nicht konstruieren, sondern müssen sich in einem langwierigen Entwicklungsprozess selbst organisieren. Das ist derartig kompliziert, dass ich vorschlage: Nehmen wir lieber eine Samenzelle und eine Eizelle, bringen sie zusammen und überlassen der Natur den Rest.

– *Nach dem Moore'schen Gesetz der kontinuierlichen Steigerung von Rechnerleistungen sollten wir im Jahr 2024 so weit sein, dass die Kapazität des Computers dem menschlichen Hirn entspricht.*

– Es ist wirklich kein quantitatives Problem. Sondern es kommt darauf an, wie man diese Systeme vernetzt, damit sie die Dynamik produzieren, die unser Gehirn hat. Da nutzt die Vermehrung der Transistoren überhaupt nichts. Systeme von der Komplexität des Gehirns können sich überhaupt nur durch Entwicklung herausbilden. Sie lassen sich nicht nach einer Blaupause bauen. Solch ein System muss sich selbst ständig optimieren und stabil halten. Es muss sich wie Münchhausen am eigenen Schopf packen und aus dem Sumpf ziehen.

– *Ist der Mensch das Ende der Fahnenstange oder ist die Evolution auf dem Weg zu einem höheren Bewusstsein?*

– Dazu kann man überhaupt nichts sagen. Wenn zutrifft, dass wir aus einem evolutionären Prozess hervorgegangen sind, so wie wir ihn nachvollziehen können, dann ist grundsätzlich nicht voraussagbar, wohin er sich fortsetzt.

– *Die Evolution ist vor allem ein Produkt aus Mutation und Selektion, also ein Resultat des Zufalls. Sie ist nicht zielgerichtet, ihre Strukturen entwickeln sich aus sich selbst heraus. Stellt sich da nicht schon vom Begriff die Frage: Was ist dann das Selbst?*

– Es gibt eine Fülle von Beispielen von selbstorganisierenden Prozessen, die sehr komplexe Strukturen erzeugen. Im Grunde ist unsere eigene Entwicklung so ein Prozess. Sie geht von relativ wenigen Instruktionen unseres Genoms aus und vollzieht sich in ständiger Wechselwirkung mit der Umwelt. Dieser Selbstorganisationsprozess mutet so wunderbar und subtil an, dass man sehr lange Zeit davon ausging, er müsse von jemandem gelenkt werden. Inzwischen wissen wir aber, dass das nicht notwendig ist. Selbstorganisierende Systeme brauchen kein explizites Wissen darüber zu haben, wie sie am Ende ausschauen sollen. Sie werden einfach.

– *Welche Rolle spielt in diesem Modell das zutiefst menschliche Bedürfnis nach Religiosität?*

– Wenn Sie mit einem Gehirn auf die Welt kommen, das in der Lage ist, über sich selbst nachzudenken, und gewohnt ist, nach Kausalbeziehungen zu suchen – weil das hilft, zukünftige Entwicklungen zu erkennen und entsprechend Vorkehrungen zu treffen –, dann wird die Frage unausweichlich: Woher kommt das alles? Und wenn sie keine Erklärungen vor Ort finden, tja …

– *Dann sind wir bei der Metaphysik.*

– So ist es. Wenn man sich aber dazu entschließt, die wahrnehmbaren Phänomene nicht nur zu betrachten, sondern die zugrunde liegenden Mechanismen über Experimente zu erschließen, dann findet man plötzlich für vieles, was unerklärlich war – z. B. für Blitz und Donner – Trivialerklärungen. Und dann schiebt sich die Grenze zur Metaphysik immer weiter hinaus. Aber das heißt nicht, dass wir diese Grenze überwinden können.

– *Von Kopernikus über Darwin bis zur Entschlüsselung des Genoms ersetzt der Mensch das Konzept Glauben immer weiter durch das Konzept Wissen. Wo bleibt am Ende dieses Prozesses der Raum für Religion?*

– Sie muss sich auf immer abstraktere, unanschaulichere Territorien zurückziehen. Solange selbst das, was sich vor unseren Augen abspielte, nicht erklärbar war, war es leicht, dies alles einer lenkenden Hand zuzuschreiben. In dem Maße, in dem wir das unmittelbar Erfahrbare aus sich selbst heraus erklären können, für Abläufe keine lenkende Hand mehr brauchen, sondern verstehen, warum aus A B folgt, wird die Grenze zum Metaphysischen hin in Bereiche verschoben, in denen Unanschaulicheres zu Hause ist.

– *Aber auch das versucht der Mensch noch zu erkunden.*

– Natürlich. Ein sich ins Unendliche ausdehnendes Weltall weckt bei uns naturgemäß die Frage: Was ist hinter dieser Grenze, über die sich das All ständig ausdehnt? Dort fängt die Metaphysik an. Ebenso vor dem Urknall.

– *Das heißt, die Naturwissenschaft kennt eine ewige Grenze, hinter die sie niemals vordringen wird?*

– Vielleicht gelingt es irgendwelchen Theorien, über diese Grenze hinwegzukommen, aber so wie wir Menschen konstruiert sind, werden wir nach diesen Grenzen eine weitere suchen. Ich glaube, der einzige Ausweg wäre, sich an eine völlig andere Denkart zu gewöhnen und diese Fragen nach der analytischen Durchdringbarkeit von Wirklichkeit nicht mehr zu stellen – sich einfach meditativen Verfahren hinzugeben, die angeblich solipsistische Erkenntnisse gewähren, ein Vordringen in eine tiefere innere Wirklichkeit.

– *Verschmelzungsprozesse also?*

– Ja. Naturwissenschaft spaltet, zerlegt in Teile. Anders ist ein reduktionistischer Ansatz nicht denkbar, man versucht immer das Komplexe aus der Wechselwirkung der Komponenten zu erklären. Diese Strategie war bisher ungemein erfolgreich und hat zu einer beeindruckenden Beherrschbarkeit von Prozessen geführt.

– *Wird durch die rasanten Fortschritte der Naturwissenschaften, denen keine wirklichen Fortschritte in der Religion gegenüberstehen, die Wissenschaft nicht quasi religiös?*

– Wenn die Religion fortfährt, sich in Bildern zu vermitteln, die nicht geglaubt werden müssen, weil sie bereits erklärbare Inhalte beschreiben, dann geht dieser Daseinsbereich der Religion natürlich verloren. Religiosität muss sich jenseits der Grenze des Konkreten verorten. Wenn sie versucht, auf der diesseitigen Welt zu beharren, bis schließlich die Bilder, die in der Vergangenheit ihre Berechtigung hatten, nicht mehr tragfähig sind, dann nimmt es nicht wunder, dass die Menschen orientierungslos werden.

– *Aber vielleicht können viele dem Prozess der Rationalisierung einfach nicht folgen?*

– Natürlich stellt eine solche Veränderung höhere Anforderungen an ein abstraktes Vorstellungsvermögen. Aber dieses muss entwickelt werden, sonst erobert die Esoterik die unbesetzten Territorien. Das ist das, was wir im Augenblick beobachten. Es ist der abenteuerliche Versuch, das eigentlich schon Erklärte nochmals zu beseelen. Und das geht nur unter Verletzung von elementaren Regeln intellektuellen Anstands.

– *Folgt dieser anti-rationale Reflex der Esoterik nicht einfach aus der gesellschaftlichen Befürchtung, dass die zunehmende Rationalisierung zu einer Entmenschlichung führt?*

– Wenn man den Himmel leer fegt von lenkenden Göttern, dann nimmt natürlich das Gefühl der Geworfenheit stark zu. Und das ist sicher ein großes Problem. Ich sehe bloß nicht, warum das zu einem Angriff auf die Menschenwürde umgemünzt werden muss. Im Gegenteil. Ich denke, dass nichts würdiger wäre, als diese Erkenntnis auszuhalten. Wenn das wirklich Gemeingut würde, müsste es eigentlich zu einer enormen Solidarisierung der Menschen untereinander führen. Es müsste jeden Einzelnen in hohem Maße erschüttern. Das Leben und das bisschen Glück, das wir haben, würde uns als das Kostbarste erscheinen, das wir besitzen, und wir würden es höher achten als bisher.

– *Ist Naturwissenschaft sozusagen die neue Aufklärung?*

– Tja, ich würde mir das sehr wünschen. Zum Beispiel ein ganz nettes Ergebnis aus der Genomforschung ist ja, dass die Variabilität zwischen den Rassen geringer ist als die innerhalb der Rassen. Wenn die Tatsache Gemeingut würde, dass jemand, der eine andere Hautfarbe trägt, einem genetisch näher stehen kann als der Nachbar, dann hätte das wahrscheinlich doch einen Effekt.

– *Wie können die Kirchen im Dialog mit der Wissenschaft und den Menschen mitwachsen?*

– Man könnte sich ja vorstellen, dass die Inhalte von Religionen das Destillat kollektiver Erfahrungen darüber sind, wie man am besten miteinander umgeht. Wie wir wissen, hat das die Kreuzzüge und die Hexenverbrennungen nicht ausgeschlossen, aber es gibt doch sehr viel Beachtenswertes in dem Erfahrungsschatz, den die Menschheit angesammelt hat. Diesen muss man allerdings immer wieder in neue Sprache kleiden, damit er verwertbar bleibt. Auch wenn man Shakespeare heute aufführt, muss man das eine oder andere ändern, damit unsere Kinder das noch verstehen.

– *Wie halten Sie es denn selbst mit der Religion?*

– So wie ich es vorhin andeutete. Mir ist klar, dass es Grenzen des Wissbaren gibt, die zu hinterfragen sinnlos wäre, weil man keine Antworten bekommen wird.

– *Fühlen Sie sich irgendeiner Form von Religion oder Religiosität näher, dem Buddhismus vielleicht?*

– Ich finde in verschiedenen Religionen verschiedene Aussagen bemerkenswert, manchen fühle ich mich näher, manchen ferner. Ich brauche das für mich nicht so konkret auszuformulieren. Im

Gegenteil, es würde mich stören, wenn ich mich an irgendwelchen konkreten Bildern festmachen müsste, weil diese in der Regel zu begrenzt oder gar falsch sein würden.

– *Was wird denn passieren, wenn wir die Organisationsprinzipien des Hirns wirklich verstanden haben? Macht uns das zu anderen Menschen?*

– Wir werden nie ein individuelles menschliches Gehirn in seiner spezifischen Funktion erfassen können, dafür ist es zu komplex und zu einmalig. Das Gehirn ist in seinem So-Sein ein dynamischer Zustand, der sich ständig verändert, von der Geburt bis zum Tod. Es ist in seiner individuellen Ausprägung nicht reproduzierbar und somit nicht vollständig beschreibbar. Aber man wird die Prinzipien erkennen, nach denen Systeme dieser Art funktionieren. Wenn wir da mehr wüssten, dann könnten wir Maschinen bauen, die sich ein bisschen intelligenter verhielten.

– *Sehen Sie Analogien zwischen der Struktur der Gesellschaft und der Struktur des Gehirns? Bildet sozusagen das Gehirn sich in der Gesellschaft im Großen wieder ab?*

– Ich glaube, dass wir da viele Analogien finden können. Und ich glaube, dass wir auch für das Design von Gesellschaftsstrukturen etwas vom Gehirn lernen können. Vor allem, wenn es darum geht, einen hoch interaktiven Prozess zu stabilisieren, davor zu bewahren, in epileptische Anfälle zu verfallen oder einfach ins graue Nichts-Tun zu versinken. Es gibt bestimmte Kriterien, Stabilitätskriterien, Vernetzungskriterien, die im Gehirn offenbar in optimaler Weise erfüllt worden sind. Wenn man da der Natur etwas abschaut, tut man, glaube ich, etwas Gutes. Denn ähnlich wie wir uns durch Anschauung von Hirnfunktionen von hierarchischen Strukturmodellen verabschieden mussten, weil wir erkannt haben, dass die Natur nicht hierarchisch, sondern vernetzt arbeitet, werden wir sehen, dass es unmöglich ist, komplexe Gesellschaften von oben herab zu führen.

– *Trotzdem entstehen immer wieder totalitäre Systeme.*

– Aber wir haben keine guten Erfahrungen damit. Solche Systeme müssen scheitern, wenn sie einen gewissen Komplexitätsgrad überschreiten. Es fehlt dann die Meta-Intelligenz, die das alles beherrschen und lenken könnte. Und deshalb muss man Regeln finden, die das System stabilisieren, auch wenn eine steuernde Meta-Intelligenz nicht existiert und die Wechselwirkungen alle parallel laufen. Das Gehirn macht uns vor, wie das geht.

– *Sie sind Optimist, nicht wahr?*

– Ja.

Das Interview führten Rüdiger Braun und Till Briegleb. Erstveröffentlichung in: *Die Woche* 16 vom 12. April 2001, S. 26–27.

Unser Gehirn: ein Produkt der Erziehung

HANS DAUCHER: *Kann man sich das menschliche Gehirn als eine Art Hardware vorstellen? Unser Gehirn, diese »Hardware«, ist mindestens – so die Anthropologen – 30 000 bis 80 000 Jahre alt. In dieser Zeit hat es sich kaum verändert.*

WOLF SINGER: Das ist richtig. Seit der Homo sapiens aufgetreten ist und Bilder an die Wände von Höhlen gemalt hat, wird sich an den Gehirnstrukturen, mit denen man geboren wurde, nicht viel geändert haben – soweit es genetisch determinierte Architekturmerkmale sind. Aber die Gehirnentwicklung vollzieht sich ja nach der Geburt beim Menschen weiter, bis hin zur Pubertät, muss man vermuten. Und das bedeutet, dass das Gehirn sich … gluck gluck gluck … danke schön, dass das Gehirn zum Zeitpunkt der Geburt – also die Hardware, wie du sagst – nicht fertig ist. Dazu muss ich gleich einschränkend sagen, dass man im Gehirn zwischen Hard- und Software nicht unterscheiden kann. Das Programm für die Funktionen, welches determiniert, *wie* wir wahrnehmen, *wie* wir denken, entscheiden, handeln – dieses Programm liegt in der Verknüpfungsarchitektur der Nervenstränge. Wie diese miteinander verschaltet sind, wie stark die einzelnen Verbindungen untereinander sind, bestimmt letztendlich das Programm. Deshalb kann man sagen, dass das Hirn genetisch vorprogrammiert ist für ganz bestimmte Leistungen, aber beim Menschen, weil sich die Entwicklung der Hardware über so lange Zeit nach der Geburt erstreckt, kann die Architektur durch Erfahrungen verändert und ein Teil des Programms installiert werden. Das vollzieht sich nachweisbar: Man kann zeigen, dass Verbindungen, die nach der Geburt angelegt werden, zunächst im Überschuss angelegt sind und dann unter dem Einfluss von Erfahrung die passenden nach funktionellen Kriterien herausgesucht werden. Diese bleiben erhalten, während die, welche wir nicht benötigen, wieder eingeschmolzen werden. Auf diese Weise kommt zum Schluss, also wenn das Gehirn ausgereift ist, also zum Zeitpunkt der Pubertät, eine Architektur heraus, die sowohl genetische Determinanten hat als auch stark mitbestimmt und mitgestaltet wurde durch die Inhalte der Erziehung.

– *Das würde aber dennoch bedeuten, dass ein Säugling aus dem Jahre 30 000 v. Chr., in unsere Zeit transportiert und in unserer Umwelt aufgewachsen, sich kaum von uns unterscheiden würde.*

– Er würde so werden wie wir.

– *Das heißt aber auch, dass Veränderungen in unserem Erziehungssystem auf uns nachdrücklichen Einfluss haben.*

– Ja, nachhaltigen Einfluß *haben müssen* auf die Art, wie wir die Welt sehen. Und die unterschiedlichen Sichtweisen der Welt, die sich ja ganz offensichtlich vollzogen haben seit der Antike, können nur so erklärt werden, dass unsere Kinder anders erzogen werden und deshalb andere Architekturen haben, andere Sichtweisen, andere Verhaltensweisen. Sie sind geprägt wie die Lorenz'schen Graugänse.

– *In der Erziehung unserer Kinder hat sich eine Revolution ereignet, die in der Zeitgeschichte kaum so recht beachtet wird. Erst seit etwa 200 Jahren geht jedes Kind ab dem 6. Lebensjahr in die Schule und wird dort einem sehr massiven Training unterworfen. Diese Revolution muss doch auch für die Gehirnentwicklung von ganz maßgeblicher Bedeutung sein?*

– Ich denke schon. Wenn jemand von Kindesbeinen an trainiert wird, nur die rechte Hand zu benutzen, um Zeichen zu setzen, also zu schreiben, wenn jemand von früh an trainiert wird, Mathematik zu lernen, Fremdsprachen zu lernen, also sich ganz stark auf die sprachlichen Fähigkeiten des Gehirns zu konzentrieren, dann werden diese Bereiche stärker ausgebaut. Und was nicht trainiert wird, wird vernachlässigt. Wenn jemand z. B. schon im Schulalter anfängt, Geige zu lernen, dann weiten sich die Repräsentationen im Gehirn der linken Hand stark aus, nämlich der Hand, die die Saiten greift, im Vergleich zu einer normalen Person. Das passiert nicht, wenn man Geige erst als Erwachsener lernt. Und so muss man annehmen, dass für alle Funktionen, deren wir im Prinzip fähig sind – Malen, Komponieren, Tanzen usw., dass all diese Funktionen wahlweise mehr oder weniger gut installiert werden können, je nachdem wie wir sie trainieren. Wir trainieren ganz bestimmt zu einseitig unsere rationalen Fähigkeiten, dies ohne Zweifel.

– ... *was da trainiert wird, ist vor allem die Erziehung zu einem rationalen, abstrakten Denken. Zuerst muss das Kind lernen, in Zahlen denken zu lernen, es muss lernen abzusehen von der vielfältigen sinnlichen Erfahrung und reduzieren auf die Mengenqualität. Dies ist einer der Vorgänge, der sicherlich nicht leicht für ein sechsjähriges Kind ist. Und das andere ist doch wohl, dass es lernen muss, in verbalen abstrakten Begriffen zu denken.*

– Ja, abstrakt zu denken und seriell zu denken. Sprache erfordert ja das Erzeugen von Sequenzen, sowohl in Schrift als auch in Worten, während sehr viele unserer Wahrnehmungsleistungen, hier besonders die visuellen, parallel ablaufen. Hier wird gleichzeitig sehr vieles erfasst, was im Hirn parallel repräsentiert wird. Die große Schwierigkeit beim Erlernen von Sprechen und Schreiben ist, dass man dieses parallele Vorhandensein von Bezügen und Wissen im Gehirn in eine Sequenz von Zeichen bringen muss. Das ist für das Gehirn ein ganz unnatürlicher Vorgang.

– *Ein Vorgang, der Informationen reduziert.*

– Ja, jedenfalls nur einen Teilaspekt dessen, was vorhanden ist, berücksichtigt. Deshalb versucht ja auch jemand, der mehr ausdrücken will, als sich nur in einfachen Aussagesätzen sagen lässt, z. B. Gedichte zu schreiben, in denen die Informationen ja nicht nur in den Sequenzen von Worten enthalten sind, sondern auch in der Melodie und in dem, was zwischen den Zeilen ist, in der *Form*, wie es geschrieben ist, dies sind alles Versuche, die enge Begrenzung des Sprachkanals zu überwinden. Auch die Malerei und die Musik benützen andere Kanäle.

– *Du beschäftigst dich besonders mit dem Sehen.*

– Uns interessiert, wie der visuelle Wahrnehmungsvorgang abläuft. Aber was wir da finden, gilt gleichermaßen für die anderen Sinnesorgane. Sie sind gleich organisiert, da gibt es keinen Unterschied.

– *Sehen markiert in der Evolution nicht die Endstufe der menschlichen Erkenntnisfähigkeiten, aber sie ist doch die Fähigkeit, welche die größte Menge an Information zu verarbeiten mag.*

– Ja, das sieht man schon daran, dass im Gehirn des Menschen die Bereiche, die sich mit dem Sehen befassen, von allen Sinnessystemen den meisten Platz beanspruchen. Und zwar massiv mehr als alle anderen. Es ist geradezu erstaunlich, wie wenig Platz von dem System beansprucht wird, welches Sprache erzeugt, im Vergleich zu dem, welches Sehen ermöglicht.

– *Uns »Sehleuten« fällt auf, dass wissenschaftliches Denken sich erstaunlich wenig am Sehen orientiert. Unser Wissen über die Bedeutung visueller Erkenntnis für Denkvorgänge, für kreative Prozesse, ist mager bestückt.*

– Ich glaube nicht, dass das so ist. Wenn man die Physiker fragt, die ja die abstraktesten Theorien erstellen, oder die Mathematiker, dann sagen die sehr oft, dass sie versuchen, sich die Zusammenhänge bildhaft vorzustellen. Die verschiedenen Variablen werden an verschiedene Orte gesetzt und dann wird die Interaktion räumlich gesehen. Es werden Bewegungsabläufe imaginiert. Ich glaube, dass die visuelle Imagination eine ganz enorme Rolle spielt. Sogar bei Komponisten ist das so, dass sie sich den Ablauf ihrer Musik oft räumlich vorstellen müssen, damit sie die Partitur zusammenhalten können.

– *Wir bekommen in der Tat von Naturwissenschaftlern gerade in diesem Zusammenhang die meisten positiven Rückmeldungen. Aber erstaunlich ist doch, dass die Imaginationsforschung in der Psychologie deutlich unterrepräsentiert ist.*

– Wahrscheinlich weil Imagination so schwer fassbar ist und weil es der Tradition nicht entspricht. Sie lässt sich schlecht messen. Wir können sprachliche Leistungen, logische Schlüsse messen, aber es ist sehr viel schwerer, den impliziten Erfahrungsschatz, also den nicht in Sprache ausdrückbaren, zu messen.

– *Und da die Wissenschaft an Zahlen hängt, am Messbaren, am Quantitativen, fand Imagination wenig wissenschaftliche Beachtung. Kann man das so verstehen?*

– Die Wissenschaft ist ja eine Kunst der Verabredung und man versucht Unterscheidungen zu finden, die anderen plausibel erscheinen, die für andere nachvollziehbar sind, und Experimente zu machen, die für andere wiederholbar sind. Wenn hier der

Bereich der symbolischen Darstellung, also die Konvention der Sprache verlassen wird, dann wird es natürlich schwierig, dies zu objektivieren. Ihr Künstler habt auch eine Sprachkonvention, ihr könnt euch aber uneins sein über das, was bestimmte Farbkompositionen bedeuten, während in der rationalen Sprache halt ein Konsens erzwungen worden ist durch Erziehung.

— *Die Wissenschaft hat einerseits riesige Erfolge erzielt, Erfolge, die man sich vor 200 Jahren noch nicht vorstellen konnte, und 200 Jahre sind in der Menschheitsgeschichte eine ganz kurze Zeit, aber andererseits wird wenig reflektiert, dass der Mensch mit seinem ca. 30 000 Jahre alten Gehirn nicht immer ungeschickt umgegangen ist. Könnte es nicht sein, dass sein früheres Weltbild – man hat ja viel mehr in Bildern gedacht – in vieler Hinsicht komplexer und weiser gewesen ist, gerade deshalb, weil es nicht so linear, sequentiell, verlaufen ist und nicht so reduktionistisch in abstrakten Begriffen formuliert wurde?*

— Es wird ja oft das Beispiel der nicht-westlichen Kulturen zitiert, die viel weniger Wert gelegt haben auf die rationale Durchdringung der Wirklichkeit, oder was man Wirklichkeit nennt. Sicher haben die auf ihre Weise auch Recht, und vielleicht haben diese Kulturen auch ein umfassenderes Bild von lebensrelevanten Inhalten, als wir das haben. Was ja oft auch die Verständigung schwer macht. Ich habe da ein schönes Beispiel: Ein chinesischer Kollege, der bei mir promoviert hat, hat bei uns Experimente nach westlichem Zuschnitt gemacht und wir haben dann Schlussfolgerungen gezogen. Dann ist es ja, nach unserem Ritus, immer notwendig, Kontrollexperimente zu machen. Wir machen dann Voraussagen, und es muss etwas Bestimmtes herauskommen. Es kam etwas anderes raus, als wir erwartet haben. Für uns eine Katastrophe. Es musste etwas falsch sein. Alles muss noch mal neu durchdacht werden. Für den chinesischen Kollegen aber war es überhaupt kein Problem. Er meinte, die Welt sei kompliziert, wir machen ein anderes Experiment, also kommt was anderes raus, so ist doch alles in Ordnung. Er hat also diesen Zwang der logischen Kohärenz von rationalen Argumenten nicht so empfunden wie wir. Es gibt also mehr als ein Richtig und

Falsch, es gibt einen Zustand, wo die Dinge nicht aufgehen, und das ist auch recht.

– Ist es nicht so, dass die bedrohlichen Probleme, die sich heute stellen – Nuklearwaffen, Bevölkerungsexplosion, Umweltprobleme –, etwas damit zu tun haben, dass Wissenschaft zu sehr in ihren jeweiligen spezialistischen Bahnen gedacht hat, zu wenig in großen Zusammenhängen?

– Ich glaube, die Wissenschaft ist jetzt an einen Punkt gekommen, wo sie sich selbst beweisen kann, wo ihre Werkzeuge hinsichtlich ihrer Leistungsfähigkeit Voraussagen zu machen grundsätzlich begrenzt sind. Die abendländische Wissenschaft hat sich selber beigebracht, dass man über die zukünftige Entwicklung komplexer Systeme wie z. B. Wirtschaftssysteme oder die Dynamik der Population, grundsätzlich keine Voraussagen über viele Stufen hinweg treffen kann. Selbst wenn die Anfangsbedingungen alle bekannt wären, gibt es zu viele kleine Störelemente, Entscheidungen, die in die eine oder andere Richtung lenken können. Man weiß vieles *im Prinzip* vorher nicht. Und ohne dieses Wissen lassen sich keine Voraussagen machen. D.h., rationale Verfahren zur Beherrschung komplexer Systeme haben ihre Begrenzungen. Das ist jetzt sichtbar. Das Dilemma ist, dass wir trotzdem entscheiden müssen, obwohl wir wissen, dass wir die rationalen Grundlagen für diese Entscheidungen gar nicht haben *können*. Deshalb wird man sich zunehmend wieder mehr auf Kriterien verlassen müssen, die einem zum Teil die Intuition nahe legt und Kriterien oder Wissen, die aus dem Kollektiv geschöpft werden.

– Nun ist es ja auch eine Sache der Erziehung, wie die Kultur der Menschen angelegt ist, und wir modernen Menschen sind nun mal in einer ganz bestimmten Art und Weise erzogen und alle – nicht nur die wissenschaftliche – stammen aus diesem Erziehungskonzept und verfügen deshalb über eine nur geringe Fähigkeit, in komplexen Zusammenhängen zu denken. Ich könnte mir vorstellen, dass hier gerade bildende Kunst, also eben komplexe kreative Vorgänge, auf der Basis der besonderen Komplexität des Sehens, in der Erziehung eine große Rolle spielen könnten.

– Ich glaube, dass mit allem, was sich nicht-rationaler Sprachen bedient – die bildende Kunst, die Musik, der Tanz – ein Wissen transportiert wird, das über die *rationale Sprache nicht* transportiert werden kann. Mein Traum ist immer, dass eine Friedenskonferenz abgehalten wird, in der die Leute nicht immer nur quasseln und sich logische Argumente zuwerfen, sondern wo sie die Bedenken, die sie haben, die Sorgen, und die Einbettung in ihren Kulturkreis auf zusätzliche Weise vermitteln können, indem sie sich gegenseitig vormalen, vortanzen oder vormusizieren. Ich glaube, dass damit wesentlich mehr, aber vor allen Dingen die relevanteren Informationen vermittelt werden könnten als durch die rationale Sprache alleine. Ohne Verabredungen geht es auch hier nicht. Aber hierzu müssen die Kunst-Sprachen erlernt werden.

– *In der Schule ist das Fach Kunsterziehung in den letzten Jahrzehnten nahezu halbiert worden, spielt nur am äußersten Rand der Schule noch eine Rolle – mehr zur Legitimation –, ist fast völlig aus dem Bildungskonzept herausgefallen. Welchen Stellenwert würdest du der Kunsterziehung geben?*

– Das kann ja nur bedeuten, dass unsere Kommunikation verarmt. Ich schaue immer neidvoll auf die Renaissance, wo die Leute noch in der Lage waren, mit Bildern ganz komplexe Botschaften zu vermitteln. Durch die Erziehung, durch die Sehschulung und durch die Schulung der Maler war so etwas wie eine Bildsprache entstanden, die auch verbindlich war. Die Symbole hatten ganz bestimmte Bedeutungen. Das wusste jeder, und so konnte in Bildern etwas dargestellt werden, was sich in Worten nur ganz schwer fassen lässt. Das sieht man ja, wenn man die Kunsthistoriker beim Schreiben ertappt. Wie sie unter großen Mühen versuchen, uns klar zu machen, was in den Bildern alles vermittelt worden ist. Das Bild spricht für sich selber, da müssen wir gar nicht mehr viel darüber reden. Man kann's oft wahrscheinlich auch gar nicht. Stell mal Trauer mit Worten dar, das kann unendlich mühsam sein, aber wenn das gut gemalt ist ...

– *Jetzt hast du ja auch den Gang deiner Kinder durch die Schule erlebt ...*

– Katastrophe!

– Hast du dir manchmal Gedanken gemacht, wie für dich ein ideales Schulsystem aussehen könnte?

– Ja. Es hatte alles bei uns ideal angefangen. Solange wir noch in München waren, haben wir unsere Kinder in Mal- und Bastelschulen gebracht, wo sie sich sehr viel mit ihren Händen ausdrücken mussten. Kinder machen das spontan ja auch am liebsten. Es gelingt ihnen auch. Diese Zeit war geprägt von Fröhlichkeit. Dann sind sie in die Schule gekommen und mussten erst mal all diese Beschäftigungen aufhören, weil sie keine Zeit mehr hatten. Es ist auch nicht weiter trainiert worden in der Schule, sondern die haben da angefangen, Rechtschreiben und Mathematik zu lernen – was ja auch in Ordnung ist. Wenn sie das wenigstens anständig gemacht hätten, wäre ich ja zufrieden, aber als wir dann nach Hessen gekommen sind, hat das auch mit einem Schlag aufgehört. Dann wurde überhaupt nur noch die Diskursfähigkeit im datenfreien Raum – wie ich das nenne – trainiert. Sie mussten einfach nur argumentieren lernen, endlos ohne Inhalt. Das war ziemlich katastrophal. Jetzt langsam erholen sie sich, weil das Studium zum Glück chaotisch und so frei ist, dass man etwas anderes nebenbei machen kann. Aber damals ist immens viel versäumt worden. Das Fach hieß früher Kunsterziehung – ein schreckliches Wort.

– »Erziehung durch Kunst« wäre besser, aber umständlich.

– Man müsste mit der gleichen Berechtigung, so wie man Englisch lernt, dem Kind beibringen, sich in anderen Ausdrucksmöglichkeiten zurechtzufinden.

– In verschiedenen Bundesländern heißt dieses Fach nicht mehr Kunsterziehung, sondern schlicht »Bildende Kunst«.

– Aber nicht nur über bildende Kunst lernen, sondern sie *machen* lernen.

– In den letzten Jahrzehnten ist die Entwicklung so verlaufen, dass im Abitur der Schüler in Kunst jetzt einen Aufsatz schreiben muss, eine Bildbetrachtung. Vor dieser fatalen Anpassung an die verbalistische Schule mussten die Schüler ein Bild malen.

– Ich musste auch noch ein Bild malen. Es sollte halt auch wie in den anderen Fächern im Medium gehandelt werden. *Man schreibt ja auch nicht im Fach Englisch in deutscher Sprache über englische Literatur.*

– *Es war eine Entwicklung, in der die Kunsterziehung versuchte, sich zu legitimieren, eben wissenschaftliche Strukturen anzunehmen.*

– Aber damit hat sie sich natürlich ins Bein geschossen. Sie hat sich versklavt unter dem System, welches sie eigentlich überwinden wollte. Ich kann dir nur beide Hände reichen, wenn du solche Standpunkte vertrittst, weil ich wirklich glaube, dass man den Möglichkeiten, die das Gehirn hat, nicht gerecht wird, wenn man es von Anfang an auf die relativ schmale Schiene der rationalen Leistungsfähigkeit trainiert. Es ist zwar sehr schön, auch sehr nützlich. Nur wenn dabei die Traditionen mal zerbrochen sind, ist es sehr schwer, das wieder aufzubauen, weil die Vermittler fehlen.

Für ganz besonders wichtig halte ich, dass die frühen Instruktionen, die durch Erziehung die Architektur im Gehirn verändern, irreversible Folgen haben. Versäumnisse lassen sich später nicht mehr nachholen. Beim Spracherwerb versteht das jeder. Wenn Kinder bis zu einem gewissen Alter nicht sprechen gelernt haben, dann wird das nie wieder gut. Für die visuelle Wahrnehmung kennen wir das auch: Wenn Kinder aus irgendwelchen Gründen die ersten Lebensjahre über blind waren und man die Augen erst später zum Sehen brachte, dann erlangen sie nie wieder die normale Sehtüchtigkeit. Ähnlich wird das für die anderen Wahrnehmungs- und Ausdrucksfunktionen sein. Wenn man den Kindern von Anfang an den Umgang mit Formen und Farben angeboten hätte, so wie sie Deutsch lernen, dann könnte sich wahrscheinlich jeder von uns bildlich ausdrücken.

– *Ich habe bei Friedrich Schiller einen schönen Spruch gefunden: »Der abstrakte Denker hat deshalb gar oft ein kaltes Herz, weil er die Eindrücke zergliedert, die doch nur als ein ganzes die Seele rühren.« Hat das nicht damit zu tun, dass sinnliche Wahrnehmungsprozesse viel enger verbunden sind mit den Emotionen?*

– Ich glaube, das hat damit zu tun, dass ins Bewusstsein ja nur ein ganz kleiner Teil der Information kommt, die im Gehirn ständig verarbeitet wird, und zwar nur der Teil, der mit Aufmerksamkeit belegt wird. Es kann durchaus sein, dass wir aufgrund unseres Trainings bevorzugt nur noch die Informationen ins Bewusstsein lassen, die sich logisch, vernünftig ordnen und in Sprache ausdrücken lassen. Weshalb wir ja auch so stark Bewusstsein immer mit Sprache verbinden, was möglicherweise gar nicht so sein muss. Und weil das, was in diesem sprachlich ausdrückbaren Teil unseres Bewusstseins nur eine ganz kleine Menge ist von dem, was tatsächlich vorhanden ist, ist das, was wir sprachlich ausdrücken können, weit weg von dem, was Emotionen bestimmt und was handlungsrelevant ist. Jeder weiß, dass man ziemlich distanziert und kalt Beliebiges aussprechen kann, auch Lügen. Wissenschaftler, die sehr viel diesen rationalen Apparat benützen müssen, kennen das Phänomen, dass man sich ganz von der erlebten und emotional besetzten Wirklichkeit mit Theorien ablösen kann. Oder: Wenn man kalten Zorn hat, kann man Sachen sagen, die ungeheuerlich sind. Das ist gefährlich und wahrscheinlich eine der Folgen des Umstandes, dass wir so stark auf diesen einen Kanal fokussiert worden sind.

– *Hat das nicht mit Werteproblematik und Sinnfindung zu tun, die heute so aktuell sind?*

– Da müsste man fragen, wo kommt überhaupt das Wissen her, das als Maxime für unser Handeln dient. Ich denke, es kommt zum allergrößten Teil aus der kollektiven Erfahrung, die die Menschheit im Laufe ihrer Entwicklung gemacht hat. Das Wissen, das sich früher in Glaubenssystemen und Riten verdichtet hat, und darin vielfach seinen Ausdruck fand – bis auf die rationale Darstellungsebene in der Philosophie –, vermittelten die Religionsschriften in gleichnishaften Bildern. Dieses System wurde weitestgehend durch die Wissenschaft zerstört – denke ich –, dennoch muss man aber dauernd nach irgendwelchen ethischen Normen handeln, aber das ist impliziertes Wissen, weil wir nicht recht sagen können, wo es herkommt. Natürlich ist dieses Wissen in unserer Erziehung tradiert worden, es sitzt in der Tiefe unseres Gehirns, wo es für die sprachliche Aufbereitung nicht zugänglich ist, wir wissen einfach, dass etwas so und so richtig ist.

– Wenn ich sage »Kunst«, sage ich ja eigentlich auch »wertvoll«. Ist dieser Bezug zu einem Bereich, in dem etwas nicht rationalisierbar, wertvoll, schön oder Kunst sein kann, nicht ein wichtiger Erfahrungsbereich in der Erziehung? Ich merke z. B. bei den Studenten, dass sie viel betroffener sind über die Beurteilung ihrer künstlerischen Leistung. Haben sie in wissenschaftlichen Fächern etwas verbockt, nehmen sie das leichter hin und sagen sich, da habe ich eben zu wenig gelernt.

– Das ist interessant und zeigt, dass im Grunde das, was wir sprachlich und rational tun, sehr weit weg von unserer Persönlichkeit ist, dass dies sehr weit weg ist von den darunter liegenden Prozessen. Da sagen wir halt: »Da haben wir uns getäuscht.« Hat man sich dagegen »vermalt«, geht es an die Substanz. Das passiert Wissenschaftlern schon auch.

Wenn man im Vorfeld Fehler macht, dort wo die Intuition ausschlaggebend ist und wo ästhetische Prinzipien eine Rolle spielen, also dort, wo man neue Zusammenhänge erahnt, nimmt man sich Fehleinschätzungen sehr übel. Das wird einem auch übel genommen, denn dann ist der Ansatz schlecht, die Hypothese. Das ist ehrenrührig.

Wenn in der folgenden Aufarbeitung, im logischen Schluss usw. ein Fehler liegt – mein Gott, dann hat man sich eben verrechnet. Vielleicht ist es wichtig, früh zu lernen, das Wichtigste zu sehen, nach Konsistenz oder Kohärenz zu streben und sich erst zufrieden zu geben, wenn das Gebäude abgeschlossen ist. Das ist zwar bei wissenschaftlichen Theorien auch erforderlich, aber als Schüler wird man nicht dahin getrieben. Das fängt erst viel später an. Während man beim Malen von Bildern wahrscheinlich schon ganz früh mit diesem Problem konfrontiert wird; denn da geht es erstens um Kreativität und zweitens um das Training der Sensibilität, darauf zu achten, dass etwas stimmig ist, auf eine nicht rational fassbare, aber doch sehr deutlich erfahrbare Weise. Bei einer wissenschaftlichen Theorie weiß man, noch ehe sie bewiesen ist, dass sie richtig ist, weil sie ästhetisch befriedigend ist. Nicht weil sie logisch in sich stimmig ist, sondern einfach weil sie sich »richtig anfühlt«. Dabei benutzt man Kriterien, die weit über das hinausgehen, was man logisches Schließen nennt.

– *Stichwort Kreativität. Wir heben ja darauf ab, dass die Beschäftigung mit Kunst ein Training in Kreativität ist …*

– Es ist schwierig, Kreativität zu definieren.

Im wissenschaftlichen Bereich ist Kreativität in der Regel die Fähigkeit, etwas zusammenzusehen, was bisher noch nicht zusammengesehen worden ist.

Also zwischen Komponenten neue Bezüge herzustellen. Ganz Ähnliches läuft ab, wenn man aus dem Nichts etwas erzeugen will, auf weißer Leinwand ein Bild. Man muss anfangen, den Raum einzuteilen, man muss Elemente vorsehen, sie zueinander in Bezug setzen, Bezüge herstellen, die nicht beliebig sind, sondern Sinn ergeben.

Wobei auch hier wieder nicht rationalisierbar ist, was das letztlich bedeutet. Zu üben und zu erfahren, wie schwer das ist, das, glaube ich, kann jeder. Da muss man nicht als Künstler geboren sein. Aber wo wird das geübt?

In der Schule müssen die Schüler allenfalls irgendwelche Sachen nachzeichnen, wenn sie überhaupt das noch müssen. In Kunsterziehung musste ich Pferdeschädel abmalen. Das war ja nicht sonderlich kreativ. Ich bin nie aufgefordert worden, ein bestimmtes Gefühl darzustellen oder mich über die Farbe mitzuteilen.

– *Es gab vor 20 Jahren ein viel diskutiertes Buch: »The Medium is the Message« von McLuhan. McLuhan meinte, dass die Art und Weise, wie die Nachrichten vermittelt werden, von prägender Bedeutung sei, mehr als ihr Inhalt. Man könnte heute vielleicht auf unser Fernsehzeitalter diesen Gedanken anwenden.*

– Das Wort beginnt wirklich in den Hintergrund zu treten Wenn man mit Fernsehjournalisten zusammenarbeitet, erlebt man, dass sie hauptsächlich auf gute Bilder aus sind. Was dazu noch geredet wird, berührt sie wenig. Es geht nicht darum didaktische Bilder zu machen, sondern Bilder, die aufreizen.

– *Es besteht ein zeitlicher Zusammenhang, der merkwürdig ist Öffentliches Bewusstsein für Umwelt, für komplexere Zusammen hänge sind erst ab diesem verrufenen Fernsehzeitalter entstanden. Auch in der Wissenschaft werden ganzheitliche Aspekte erst in den letzten Jahrzehnten virulent.*

– Es ist immer schwer zu sagen, was Henne und Ei ist.

Es wäre eine interessante Frage, wie sich Wahrnehmung und Wirklichkeit aufgrund von Erziehung und Erfahrung epochenspezifisch verändern, wie dann aufgrund dieser veränderten Wahrnehmung sich neue Theorien bilden, wie diese wieder die Welt verändern und daraus wieder neue Wahrnehmungen entstehen.

Das Gespräch führte Hans Daucher. Erstveröffentlichung in: *KUK. Zeitschrift bayrischer Kunsterzieher und Mitteilungsblatt des Landesverbandes Bayern im Bund deutscher Kunsterzieher*, 1998, Heft 3, S. 9–12.

»In der Bildung gilt:
Je früher, desto besser«

PSYCHOLOGIE HEUTE: *Am Beginn jeder ideologiefreien Bildungsdiskussion müsste die Frage stehen:* Wann *ist ein Mensch wie* bildbar? *Sie haben immer wieder darauf hingewiesen, dass es in der Entwicklung jedes Menschen* »Zeitfenster« *gibt, die für eine Weile offen stehen, danach aber für immer geschlossen werden.*

WOLF SINGER: Zur Beantwortung dieser Frage müssen wir schlussfolgern: nämlich aus gut gesicherten Befunden für sehr einfache Gehirnfunktionen auf höhere kognitive Funktionen Die Wissenschaft weiß, dass sich das Gehirn von der Geburt bis zur Pubertät in einem rasanten Tempo entwickelt. Sie weiß, dass sehr viele der Gehirnverbindungen erst nach der Geburt geknüpft werden und dass die Entscheidung darüber, welche Verbindungen übrig bleiben und welche wieder »eingeschmolzen« werden, nach funktionellen Kriterien erfolgt. Bei fehlgeleiteten Entwicklungen führt dies zu massiven Störungen einfacher kognitiver Leistungen. Das gilt vermutlich auch für die höheren kognitiven Funktionen. Am besten bekannt ist wahrscheinlich das Beispiel der Sprache. Die ersten fünf, sechs Lebensjahre sind entscheidend dafür, dass sich die kognitiven Strukturen ausbilden, die zur so genannten Segmentierung der in dieser Zeit gehörten Sprache erforderlich sind: D.h., das Kind lernt, aus dem kontinuierlichen Sprachfluss die Phoneme herauszugreifen und sie zu Worten zu verbinden. Wenn diese Funktionen nicht rechtzeitig eingeprägt werden, lassen sie sich nicht mehr nachholen oder nur sehr unvollkommen.

– *Erwirbt ein Kleinkind soziale, kognitive und ästhetische Kompetenzen zugleich, oder entwickeln sich diese nacheinander?*

– Auch hier gilt: Wenn man von dem rückschließt, was man über die Basisfunktionen weiß, dann ist das ein Prozess, der von einfachen Funktionen zu komplexen Funktionen zeitlich voranschreitet. Man muss die Basisfunktionen für die einzelnen

Kompetenzen sehr, sehr früh etablieren und kann dann auf der Basis des bereits Etablierten die Feinpolitur vornehmen. Das entspricht der Sequenz der Reifungsvorgänge im Gehirn. Die primären Hirnrindenstrukturen, die sich unmittelbar mit der Verarbeitung von Sinnesaktivität befassen, reifen früh und werden auch früh konsolidiert; diese Fenster sind nur eine kurze Zeit offen. Dagegen reifen Hirnrindenbereiche, die in der Evolution spät hinzugekommen sind, auch später, und sie sind relativ lange prägbar. Das betrifft die Sprachregionen, aber auch die Regionen im Präfrontalhirn, die für die Herausbildung von Persönlichkeitsstrukturen wichtig sind und für das Erlernen von Regeln, die die Eingliederung ins soziale Gefüge ermöglichen.

– *Was heißt in diesem Falle spät?*

– Bis zur Pubertät im Allgemeinen. Dann hören diese Prozesse alle auf.

– *Welche Rolle spielen das Sehen und die visuelle Wahrnehmung für die Entwicklung des Denkens?*

– Wir wissen viel über den Sehprozess. Allerdings sind dort zunächst sehr elementare Funktionen untersucht worden, bei Menschen, deren Erfahrungen sehr stark durch Störungen beeinflusst worden sind. Man hat beispielsweise die Sehfähigkeit von Kindern untersucht, die von Geburt an aufgrund von Hornhauttrübungen blind waren und später durch restitutive Operationen normale Sehfähigkeit erlangt haben. Die Bilder auf der Netzhaut waren dann völlig normal; wenn der Zeitpunkt der Operation allerdings nach der Pubertät lag, konnten die nun bereits jungen Erwachsenen mit den jetzt verfügbaren optischen Informationen nichts anfangen. Sie konnten keine räumlichen Zuordnungen analysieren oder Muster erkennen, sie konnten Figuren nicht vom Hintergrund abtrennen, die Sehschärfe war stark vermindert. Daraus lässt sich schließen, dass der frühe Umgang mit visuellem Material notwendig ist, um die Hirnrindenareale zur Entwicklung jener Nervenverbindungen zu bringen, die man zur Analyse von visuellen Szenen braucht.

– *Welche Rolle spielen individuelle Unterschiede in der Entwicklung der Gehirnkapazitäten?*

– Noch in den 60er und 70er Jahren glaubte man, dass alle Menschen gleich geboren werden, als *tabula rasa* auf die Welt kommen. Man müsse dann nur möglichst viel instruieren, und je mehr man instruiere, desto besser würden die Menschen. Das trifft wohl nicht zu. Inzwischen ist doch sehr klar geworden, dass jeder Mensch sein »Paket« an Entwicklungsmöglichkeiten mitbringt. Vom genetisch fixierten Bauplan sind Rahmenbedingungen vorgegeben, innerhalb deren eine erfahrungsabhängige Weiterbildung möglich ist. Ein junger Mensch tritt mit ganz individuellen, präzisen Fragen an die Umwelt heran, Fragen, die ihm sozusagen von seiner genetischen Ausstattung vorgegeben sind. Und es sind ganz bestimmte Antworten nötig, damit sich sein System richtig ausbilden kann. Das Beste, was man für ein Kind tun kann, ist, sorgfältig darauf zu achten, welche Fragen es stellt, und sie möglichst erschöpfend und eindeutig zu beantworten. Es ist weniger günstig, über die gestellten Fragen hinaus zu versuchen, mit einer Art Nürnberger Trichter so viel wie möglich ins Gehirn hineinzufüllen. Oft ist das sehr kontraproduktiv. Die Überfrachtung des Systems stört es bei der wichtigen Arbeit, die Informationen aus der Umwelt zu ziehen, die es unbedingt braucht. Man müsste also darauf achten, was die Kleinen haben wollen, das sagen die einem sehr eindringlich. Und diese spezifische Wissbegier gilt es dann gezielt zu fördern.

– *Ist das ein Widerspruch zu dem, was Ihr Kollege, der Entwicklungspsychologe Franz Weinert sagt? Die Schulung der intellektuellen Fähigkeiten und des formal-abstrakten Denkens ließen sich nicht gezielt verbessern, das sei ein Irrtum der Bildungsplaner.*

– Man kann wahrscheinlich nicht über das hinaus verbessern, was von den Anlagen her maximal möglich ist. Aber bis an diese Grenze kann man es natürlich. Wenn so ein kleiner Kopf sich für Malen oder Musik oder auch für körperliche Aktivität interessiert und raffinierte Bewegungsmuster lernen möchte und wenn er entsprechende Fragen stellt, dann sollte man ihm so viel als möglich nachgeben, weil das offenbar auf individuelle Ressourcen hinweist, die zu erschließen sind. Das Gehirn weiß offenbar, wo es Ressourcen hat, und es versucht, diese Strukturen optimal auszufüllen. Jetzt gilt es, diesen Drang nicht von außen zu bremsen, indem man andere Prioritäten setzt – nach dem Motto: »Das ist zwar ganz nett, dass du Musik machen willst, aber eigentlich will ich von dir, dass du jetzt anständig rechtschreiben lernst!« So zwingt man dieses kindliche Gehirn wahrscheinlich in eine Bahn, in die es eigentlich gar nicht wollte. Es entwickelt dann auf Kosten seiner eigentlichen Stärken etwas anderes – oder versucht es zumindest. Aber wahrscheinlich kann es dieses andere nicht sehr weit ausbauen. Ganz abgesehen davon, dass die Lernfortschritte auch wegen fehlender Motivation langsam sein werden.

– *D. h., man müsste Eltern und Lehrer dazu erziehen, sehr viel genauer auf die besonderen Interessen und Fragen der Kinder zu achten?*

– Ja, man müsste sie lehren, aufmerksam darauf zu achten, was die Kleinen wollen. Die haben meistens sehr präzise Vorstellungen davon, was sie wollen. Dem sollte man dann so viel Raum geben, wie nur irgendwie möglich, ohne instrumentelle Fähigkeiten hintanzustellen, die man einfach zur Bewältigung des Lebens braucht. Schreiben und rechnen lernen müssen sie halt alle. Aber man kann da sicher des Guten zu viel tun und sie in anderen wesentlichen Entwicklungsfeldern deprivieren. Ich denke, dass unsere Schulen massiv deprivieren. Die Kleinen bieten uns bereitwillig an, die vielen Sprachen zu vervollkommnen, die die Kommunikation zwischen Menschen so reich machen – es gibt die Sprachen der Malerei, der Musik, des Tanzes und der Pantomime, der Schauspielerei. Dann gibt's die, die hervorragend schreiben können, und die, die sich in mathematisch-abstrakter Sprache gut ausdrücken können. Bei der Förderung unserer Kinder gehen wir zu wenig auf deren individuelles Angebot ein, die Fähigkeiten zur Produktion und Rezeption dieser Sprachen zu entwickeln. Ich glaube, wir legen im Augenblick zu viel Wert auf die Ausbildung der rationalen Kommunikationsmöglichkeiten und vergessen, wie reich die anderen Sprachformen sein können.

– *Sie erwähnten die Fähigkeit zur abstrakten Sprache. Wann lernt ein Kind zu abstrahieren?*

– Das geht schrittweise. Babys haben schon, wenn sie auf die Welt kommen, ein angeborenes Konzept von Zahlen. Sie besitzen bereits etwa bis zur Zahl 3 oder 4 Vorstellung von der Konstanz von Mengen. Wenn man Halbjährigen zeigt, dass man zwei Objekte auf eine Ebene stellt, einen Vorhang runterlässt und von oben ein drittes Objekt hinzufügt, dann den Vorhang wieder hebt – und es sind dann nur zwei oder auch vier Objekte da dann reagieren sie mit deutlichem Erstaunen.

– *Gibt es noch weitere angeborene Basisfähigkeiten?*

– Die kleinen Menschen haben bereits eine Vorstellung davon, was lebendig ist. Sie erkennen, was ein Organismus ist, dem man Initiative zuschreibt, und was nur ein passives Objekt ist. Wenn man einjährigen Kindern auf dem Fernsehschirm Objekte zeigt, die sich entgegen den Gesetzen der passiven physikalischen Wechselwirkungen bewegen, die etwa gegen ein anderes Objekt stoßen, ohne dass das angestoßene Objekt in die erwartete Richtung wegfliegt, dann schreiben die Säuglinge diesen Objekten Intentionalität zu. Und sind dann auch bereit, sie zu bewerten, ihnen gute und böse Absichten zu unterstellen.

– *Warum ist diese Fähigkeit zur Zuschreibung von Absichten so bedeutsam?*

– Solche ganz präzisen, ganz konkreten Konzepte darüber, wie die Welt funktionieren soll, sind letztlich die Voraussetzung dafür, dass wir überhaupt Sprache erlernen können. Denn wenn wir nicht Konzepte darüber hätten, dass es ein *res agens* gibt und ein *patiens* und dass das Agens mit dem Patiens etwas machen kann, was durch ein Verb ausgedrückt wird, dann könnten Kinder keine Sprache lernen. Und auch die Phonemsegmentierung ist zumindest im Prinzip angeboren: D. h., die Kleinen wissen, nach welchen Gesetzen sie hören, bestimmte Sinneinheiten oder Segmente herausschneiden müssen. Das erleichtern ihnen natürlich die Bezugspersonen, indem sie eine spezifische Sprache annehmen, wenn sie mit kleinen Kindern kommunizieren: Sie setzen besondere Betonungen, dehnen Vokale und prägen Melodien, aber die Grunderwartungen an Sprache sind alle angeboren. Ich glaube, das ist die wichtigste Botschaft, die die Wissenschaft derzeit zu vermitteln hat: Enorm viel Erwartung ist genetisch vorgegeben, das Gehirn eines jungen Menschen tritt von sich aus aktiv an die Umwelt heran und stellt seine Fragen, so es gesund ist; und das kindliche Gehirn insistiert, die richtigen Antworten zu erhalten. Wenn diese vorenthalten werden, dann führt dies zur Verkümmerung von angelegten Möglichkeiten.

– *D. h., dass die Verantwortlichkeit der Erwachsenen nicht hoch genug bewertet werden kann.*

– Ja, der Erzieherberuf müsste der bestbezahlte Beruf in unserer Gesellschaft sein.

– *Davon sind wir weit entfernt ...*

– Ja, da stimmt etwas Grundlegendes nicht. Wir müssen uns klar machen, was unsere kulturelle Evolution bedingt hat: Es war die Fähigkeit, zu Lebzeiten erworbenes Wissen auf die nachfolgende Generation zu übertragen. Dies geschieht über zum Teil irreversible Prägungsprozesse. Die Prägung legt das Sich-in-der-Welt-Fühlen fest und beeinflusst die Entwicklung kognitiver Strukturen nachhaltig; wir überlassen diesen schlechthin wichtigsten Prozess, den die Menschheit jeder nachkommenden Generation gegenüber zu verantworten hat, fast dem Zufall.

– *Kennen Sie Kulturen, die das anders handhaben?*

– Kulturen, die etwas auf sich halten, tun zwei Dinge. Erstens: Sie weisen jenen, die das Wissen an die Jüngeren weitergeben, eine sehr hohe gesellschaftliche Position zu: Das ist zum Beispiel der Fall in der jüdischen Erziehungskultur. Das höchste Gut ist das Weitergeben von Wissen und Inhalten. Und zweitens zeichnen sich hoch stehende Kulturen dadurch aus, dass sie denen, die am meisten erfahren haben, den Alten, die Möglichkeit geben, ihr selbst erworbenes Erfahrungswissen an die Jungen weiterzugeben.

– *Dann haben wir keine sehr hoch stehende Kultur?*

– Haben wir nicht, nein. Wir koppeln unsere Alten ganz von diesem Tradierungsprozess ab, was hoch stehende Kulturen nie getan haben. Sie haben immer dafür gesorgt, dass die Alten, die Weisen, das, was sie wussten, an die Nachgeborenen weitergeben konnten. Wir tun genau das Gegenteil. Wir isolieren die Alten und eliminieren sie aus Familien und sozialen Gefügen. Und die Berufsstände, die das Wissen tradieren, die Erzieher und Lehrer, die diese Funktion stellvertretend für die Familie übernommen haben, bewerten wir sozial eigentlich eher gering.

– *Wenn Sie den Auftrag bekämen, auf dem heutigen Wissensstand der Neurobiologie ein Bildungssystem zu entwerfen, wie sähe das ungefähr aus?*

– Ich würde als Erstes dafür sorgen, dass nur die Allerbesten mit Aufgaben im Bildungssystem betraut werden. Man müsste Prioritäten radikal ändern; das geht nur dadurch, dass man materielle Anreize schafft und so dafür sorgt, dass die Besten in die Erziehung gehen und nicht dorthin, wo es im Augenblick am meisten Geld zu verdienen gibt. Das wäre der erste Schritt.

Als Nächstes wäre enorm wichtig, dass ein sehr differenziertes Bildungssystem entwickelt wird. D.h.: Jedem Kind sollten seine Fragen, die es als ganz individuell gestaltetes Wesen stellt, so früh wie möglich und so erschöpfend wie möglich beantwortet werden. Das muss früh beginnen. Ich meine, dass die Differenzierung schon im Kindergarten anfangen muss.

Eigentlich sollten die Familien diese frühe Entwicklung fördern. Die können es aber nicht mehr leisten, wenn beide Eltern arbeiten, denn mehr Menschen sind in einer heutigen Familie ja nicht verfügbar. Also würde ich die Alten wieder in die Familie integrieren, die könnten einen Großteil der Erziehung mittragen. Man braucht einfach mehr als nur zwei ganztägig Beschäftigte, um dem Wissensdrang der Kinder gerecht zu werden.

Wenn das Beantworten der Fragen in den Kindergärten und in den Krabbelstuben geschehen soll, dann braucht's dort sehr viel mehr Personal als nur eine Antwortgeberin für ein ganzes Rudel von kleinen Kindern.

– *Wie aber kommt man zu den differenzierten Beurteilungen der Einzelbegabungen, und wie geht man dann mit ihnen um?*

– Um die Erziehung zu optimieren, müsste man die Kinder früh testen, Begabungen identifizieren und dann entsprechend der Begabungsspektren früh kanalisieren. Man muss sich dabei freimachen von der Illusion, dass alle gleich sind und dass aus allen das Gleiche werden kann. Diese Annahme ist unsinnig und widerspricht elementaren biologischen Gesetzen; mein Postulat läuft also auf eine starke Differenzierung hinaus. Dies wiederum wird zu einer Erweiterung und Differenzierung unserer Kriterien führen, nach denen wir Menschen beurteilen. Man kann dann nicht mehr einfach sagen, gut ist, wer in den Intelligenztests mit über 120 Punkten abschneidet, und alle Erziehung, die dazu dienlich ist, ist richtig. Gemessen an dem, was Gehirne leisten können, ist das ein viel zu enger Rahmen. Man müsste Testverfahren entwickeln, die zu einem frühen Zeitpunkt erlauben, auch Begabungen zu erfassen, die außerhalb des vom üblichen Kanon erfassten Leistungskatalogs liegen. Diese müssten dann gezielt gefördert werden. Ansätze dazu gibt es natürlich bei Montessori- und Waldorfschulen, nur sind diese oft ideologisch überfrachtet. Außerdem sind diese Schulen nur für einige wenige da, für viel zu wenige.

Man müsste auf der Basis von Fakten eine radikale Änderung der Bildungspolitik durchsetzen. Die Fakten sagen klar, dass Menschenkinder unglaublich unterschiedlich geboren werden und mit ihren Fragen und Interessen einen enormen Raum überspannen, der abgedeckt werden muss. Ein Bildungssystem ist nur dann gerecht und effizient, wenn jeder entsprechend seinen sehr unterschiedlichen Anlagen möglichst optimale Antworten findet für das, was er fragt.

– *Gibt es denn Bildungssysteme, die dem nahe kommen oder gar vorbildlich wären?*

– Sie haben alle so ihre Eigenarten, und jedes schüttet irgendein Kind mit dem Bad aus. Das französische System hat begriffen, dass die Zeit begrenzt ist, in der man die kindlichen Fragen beantworten kann, und versucht, in kurzer Zeit so viel als möglich in diese Kinder hineinzuerziehen. Das ist für manche sehr, sehr gut. Viele bleiben aber auf der Strecke, und für manche hat das ganz dramatische Folgen. Wir in Deutschland versuchen, breit und tolerant zu sein, und haben uns dabei einen Niveauverlust eingehandelt, der katastrophal ist. Die Franzosen tun ihrer Elite gut, und wir bestrafen unsere Elite.

Am besten funktioniert es in der Tat in den jüdischen Gemeinschaften. Sie bieten über das Vorhandensein sehr vieler Mentoren, die sowohl über die Glaubensgemeinschaften zur Verfügung gestellt werden als auch über die Schulen wie auch über die relativ großen Familien, wo die Alten da sind, ein sehr reiches Umfeld für die Weitergabe von Inhalten. Bei uns können sich das natürlich auch die Reichen leisten, indem sie den Musiklehrer oder den Sportunterricht zusätzlich anbieten. Internatsähnliche Strukturen sind für die Bildung übrigens nicht die schlechtesten weil sie Zeit sparen. Denn Zeit ist ein wichtiger Faktor in diesem ganzen Geschäft, sie ist sehr begrenzt, weil die Uhr der Entwicklung tickt. Wenn man großzügig rechnet, dann erstreckt sich die Entwicklung des Gehirns bis zu 17, 18 Jahren. In der Bildung gilt deshalb: Je früher, desto besser. Die Uhr tickt in der frühen Phase ganz besonders laut und wird dann immer leiser.

– *Da machen wir in der Lehrer- und Erzieherausbildung wohl einiges verkehrt: Kindergärtnerinnen und Grundschullehrer werden am schlechtesten ausgebildet und bezahlt.*

– Ja, da machen wir einen Riesenfehler. Wir fordern vor allem die Ausbildung rationaler Kommunikationsverfahren, die sich auch jenseits der 20 instruieren lassen. Die Integral- und Differentialgleichung kann einer, wenn er es muss, auch noch lernen wenn er 20 ist. Aber vieles, was sich im vorsprachlichen Bereich an »Intelligenz« ausbilden lässt, an intelligentem Verhalten üben lässt – etwa die räumliche Vorstellung oder das Gestalterische – das wird sträflich vernachlässigt. Ich kann mir gut vorstellen, dass einer, der früh lernt, räumliche Zuordnungen oder musikalische Strukturen zu durchschauen, damit sein abstraktes Denkvermögen in einer Weise entwickeln kann, die es dann später ganz einfach macht, das Wesen von Differentialgleichungen zu begreifen. Die speziellen Techniken lernt man dann wie Vokabeln das funktioniert wahrscheinlich ein Leben lang. Die eigentlichen Grundlagen werden aber kaum gezielt gefördert, man überlässt es den Kindern, sich gegenseitig zu erziehen.

– *Stattdessen wird über Rechtschreibreformen und die Notwendigkeit eines Bildungskanons diskutiert.*

– Wenn wir uns auf die Fragen und Kompetenzen der Kleinen konzentrieren würden, wäre ein Nebeneffekt, dass sie dann ganz von alleine lesen und schreiben lernten. Schon aus Neugierde. Neugier haben alle Kinder konstitutiv, die sind geradezu abenteuerlich neugierig, wie jeder weiß, der mit kleinen Kindern zu tun hat.

– *Kinder werden heute auf Leitstung getrimmt; Leistung und Lernen sind nicht identisch.*

– Sind sie nicht, schließen sich aber auch nicht aus; im Gegenteil, Leistung geht zwanglos aus geglücktem Lernen hervor. Kinder lernen wie die Weltmeister, wenn man ihre unersättliche Wissbegier nicht frustriert. Natürlich muss man immer wieder zwischendurch messen, bewerten und den Ergebnissen entsprechend die Curricula anpassen. Man müsste dies aber anders machen als bisher, wo der Bestrafungsaspekt so stark im Vordergrund steht. Es geht immer wieder um das Hervorlocken der Begabungen.

Mit Wolf Singer sprach Linda Reisch. Erstveröffentlichung in: *Psychologie heute* 12/1999, S. 60–65.

»Die Intuition ist nicht schlauer als der Verstand«

CAPITAL: *Herr Professor Singer, haben Sie intuitiv oder rational entschieden, dass Sie mit* Capital *reden?*

WOLF SINGER: Rational. Denn ich kann das klar begründen: Mir ist die Entmythologisierung dieses Themas sehr wichtig.

– *Wo liegt der Unterschied zwischen rationalen und intuitiven Entscheidungen?*

– Die Handlungsmotive machen den Unterschied. Bei den rationalen Entscheidungen wissen wir, warum wir so agieren und nicht anders. Handelt man aus der Intuition heraus, so wissen wir das nicht. Die Motive entstammen unbewussten Wahrnehmungen und Bewertungen.

– *Und Wissen spielt keine Rolle?*

– Im Gegenteil. Nur – das für die Intuition entscheidende Wissen ist uns nicht bewusst. Unser Gehirn speichert im Laufe unseres Lebens eine ungeheure Menge an Sinnes- und Gefühlseindrücken. Dazu kommt noch eine Art intuitives Grundwissen, das schon in unseren Genen festgeschrieben ist. Es determiniert, wie wir denken und der Welt gegenübertreten. Allerdings gelangt nur ein ganz kleiner Teil – vielleicht 20 Prozent – ins Bewusstsein. Wir wissen heute: Auch die nicht bewussten Informationen, die unser Gehirn verarbeitet, beeinflussen unser Handeln.

– *Und das ist Intuition?*

– Ja. Wir Hirnforscher verstehen darunter den Teil des Wissens, der im Unbewussten bleibt. Er ist durch keinen Denkvorgang gefiltert, weder analysiert noch im deklarativen Gedächtnis gespeichert. Wir erinnern uns nicht bewusst daran.

– *Und darauf sollen sich Führungskräfte nun verlassen?*

– Wenn Manager nur nach Gespür handeln würden, wäre das sicher gefährlich. Aber es geht ja nicht um Entweder-oder. Es geht nicht um Kopf oder Intuition. Wer in schwierigen Situationen entscheiden muss, der hat doch Fakten und andere Anhaltspunkte dafür im Kopf. Aber meist kommt er damit nicht zu einem eindeutigen Schluss. Und dann tut er gut daran, mal nach innen zu hören. Dann spürt er vielleicht Handlungsmotive, die er zwar nicht klar benennen kann, die ihn aber deutlich in eine bestimmte Richtung ziehen. Und am Ende vertraut er darauf, dass Verstand und Gespür schon das Richtige zustande bringen.

– *Die rein intuitive Entscheidung gibt es also gar nicht?*

– Nein, die Intuition läuft immer mit. Sie können nur mehr Aufmerksamkeit auf die Tatsache lenken, dass wir die Welt nicht nur mit dem Verstand, sondern mit allen Sinnen wahrnehmen. Und dass daraus Erfahrungen resultieren, die unserem Handeln zusätzliche Kraft geben. Denn Entscheidungen, die auch von den unbewussten Motiven der Intuition mitgetragen werden, haben auf jeden Fall die breitere Basis.

– *Wie müssen Verstand und Intuition zusammenkommen für eine gute Entscheidung? Kann ich das steuern?*

– Viel können Sie nicht tun. Das Loslassen ist wichtig. Man sitzt an einem Problem und ackert und ackert, kommt aber zu keiner Lösung. Das Gehirn arbeitet auf Hochtouren. Aber die unbewussten Prozesse, die mit ablaufen, sind gestört, weil die Aufmerksamkeit so konzentriert ist. Wer jetzt loslässt und das Gehirn mit der Motorik beschäftigt und zum Beispiel joggt, gibt diesen unbewussten Prozessen Raum. Und plötzlich fallen einem Lösungen ein. Wer allerdings vorher nicht an dem Problem herumgeknackt hat, bei dem stellt sich auch die Eingebung nicht ein.

– *Für wen ist Intuition wichtig?*

– Vor allem für die, die viel mit Menschen zu tun haben. Wenn wir jetzt miteinander reden, tauschen wir durch Sprache Informationen aus. Aber wir erfahren auch über Mimik und Gestik viel voneinander. Ich kann aus der Art, wie Sie sich kleiden, wie Sie sich bewegen, wie Sie sich halten, Rückschlüsse über Sie ziehen. Die Melodie Ihrer Sprache verrät mir etwas über Ihre Herkunft oder über den Zustand Ihrer Aufgeregtheit. Ich kann diese Informationen sprachlich nicht ausdrücken. Aber sie lösen eine Stimmung in mir aus. Und so formt sich mein Bild von Ihnen, das durchaus dem Bild widersprechen kann, das mir Ihre Worte suggerieren. Ein Personalchef zum Beispiel ist gut beraten, seine Intuition in sein Urteil einzubeziehen. So bekommt er wertvolle Zusatzinformationen über Menschen, die er einstellen soll. Allein aufgrund der Aktenlage kann er das nicht entscheiden.

– *Meine innere Stimme kann sich auch im Körper melden. Sitzt sie im Bauch?*

– Das ist Quatsch! Alles fängt im Gehirn an. Es gibt die Signale an den Körper und der spielt sie über Rezeptoren wieder zurück ans Gehirn. Das so genannte Bauchhirn ist eine Erfindung von Populärwissenschaftlern. Richtig ist: Im Bauch, vor allem im Darm, befindet sich eine Vielzahl von Nervenzellen. Aber das sind Erfüllungsgehilfen. Sie führen nur aus, was das Gehirn ihnen sagt. Der Magen drückt nicht von allein, das Herz rast nicht von selbst. Das Gehirn gibt das Kommando. Und Sie können überlegen: Warum drückt mein Magen? Warum rast mein Herz?

– *Mit Hilfe der Körperreaktion kann ich also meine Intuition ins Bewusstsein holen?*

– Ja, der Körper reagiert auf eine unbewusste Wahrnehmung und das kann einen Denkvorgang auslösen. Sie nehmen unbewusst irgendwas wahr, was etwa bei Ihnen eine Gänsehaut erzeugt. Sie frösteln und fragen: Warum? Und dann erinnern Sie sich vielleicht an ein traumatisches Ereignis oder Sie kommen auf etwas anderes, was es zu bedenken lohnt.

– *Für denjenigen, der seine Traumata nicht bearbeitet hat, ist die innere Stimme dann kein guter Berater.*

– Natürlich können Webfehler auftreten, die den intuitiven Abwägungsprozess im Gehirn verzerren. Wenn einer eine Zwangsneurose hat oder ein Identitätsproblem, dann sind auch seine intuitiven Entscheidungen verzerrt. Jemand hat zum Beispiel das Motiv, nur das zu tun, was ihn in den Augen der anderen glänzen lässt. Ein Teil seiner Intuition wird damit beschäftigt sein: Wie steh ich da? Wenn so jemand intuitiv handelt, kommt nicht das Beste für die Firma heraus, sondern das, was ihm selbst Glanz verleiht. Auf dessen Intuition würde ich nicht viel geben.

– *Wie lässt sich denn die Intuition von meinen Macken bereinigen?*

– Schwierig. Durch konsequente Selbstbeobachtung vielleicht. In der besten aller Welten befinden wir uns, wenn jemand mit einem klugen Kopf folgerichtig denken kann und dazu über eine sensible integrierte Persönlichkeit verfügt, auf deren intuitives Urteil man vertrauen kann. Generell gilt: Intuition ist auch nicht schlauer als der Verstand. Sie hat nur andere Informationsquellen. Der Ruf nach Intuition wie nach einer metaphysischen Erlösung aus dem Dschungel der uns umgebenden Dynamik und Komplexität – das ist Illusion!

© *Capital* 4/2002, S. 108–109.

Tierversuche:
Polemik oder Diskurs

Wolf Singer und Leo Montada im Gespräch

Professor Wolf Singer, Mediziner, Direktor am Max-Planck-Institut für Hirnforschung, ist einer der exponiertesten ›Affenerforscher‹; er wird deshalb auch von Tierschützern besonders angefeindet. Anlässlich der Verleihung des Hessischen Kulturpreises musste er unter Polizeischutz gestellt werden. Professor Leo Montada, Psychologe an der Universität Trier, u. a. Direktor des Zentrums für Gerechtigkeitsforschung an der Universität Potsdam, beschäftigt sich mit Konflikten, ihren moralischen Implikationen und Verfahren der Mediation. Beide sind Mitglieder der Berlin-Brandenburgischen Akademie der Wissenschaften und führten dieses ›Gespräch unter Kollegen‹ auf Anregung der *Gegenworte*.

GEGENWORTE: *Herr Singer, was bedeutet das Vorhaben, dem Tierschutz als Staatsziel Verfassungsrang zu geben, aus Ihrer Sicht für die Forschung?*

WOLF SINGER: Das birgt potentielle Probleme, wenn Tierversuchsgegner diese Novellierung für ihre Zwecke nutzen und über den Klageweg wissenschaftliche Arbeit behindern werden. Wir haben ja bereits ein sehr strenges Tierschutzgesetz, das erst vor kurzem novelliert worden ist. Es erzeugt zwar enorm viel Bürokratie und ist ein Misstrauensvotum der Gesellschaft uns gegenüber, diskriminiert uns auch gegenüber anderen Tiernutzern, weil die für das Töten von Tieren viel weniger Rechtfertigungszwang haben, aber wir können damit leben. Das Problem mit der Aufnahme des Tierschutzes als Staatsziel ins Grundgesetz ist, dass es dann neben dem Artikel 5 »Forschung und Wissenschaft ist frei« einen weiteren Artikel im Grundgesetz gibt, der sich speziell mit der Schutzbedürftigkeit der Tiere befasst und der, falls er nun kommen sollte, gegen den Artikel 5 gerichtswirksam ausgespielt werden kann. Sollte der Tierschutz Verfassungsrang bekommen, muss der Richter zwei Rechtsgüter gegeneinander abwägen.

Wir werden sicher auch dann Musterprozesse gewinnen, weil die Schutzbedürfnisse des Menschen höherrangig sind als der Schutz der Tiere, wenn denn der Nachweis gelingt, dass das, was die Grundlagenforscher machen, letztlich Leid für Menschen verringert. Wovor wir jetzt schon Angst haben, sind die einstweiligen Verfügungen, die je nach Gutdünken der Richter unsere Arbeit über Jahre lahm legen können, bis wir beim Verfassungsgericht gelandet sind und dort wohl gewinnen werden. Aber das kann doch erheblich viel Sand ins Getriebe streuen, und das ist das erklärte Ziel der Tierschutzverbände. Sie haben das auch so formuliert.

LEO MONTADA: Ist es klug, mit § 5 GG zu argumentieren? Forschungsfreiheit im Sinne, dass alle forschen dürfen, wie sie wollen, was sie wollen und an wem sie wollen, besteht auch bisher nicht. Zwar sind Klagen von Tierschützern abgewiesen worden mit Verweis auf die Forschungsfreiheit, aber diese Urteile sind nicht auf Dauer bindend. Tierschutz ist zu einem ethischen Anliegen geworden. Die anthropozentrische Ethik wird immer häufiger kritisiert, eine Tierethik, auch eine Öko-/Bio-Systemethik wird propagiert. Auch wenn, wie Jürgen Mittelstraß kürzlich konstatierte, die rationale Begründung fehlt oder die Begründung als naturalistischer Fehlschluss angreifbar ist: Die neuen Ethiken gewinnen an Zustimmung. Die Rechte der Tiere auf Achtung ihrer Würde, auf Entfaltung ihrer natürlichen Anlagen, artgerechte Umwelt, Freiheit von (vermeidbarem) Leid haben Eingang in das Tierschutzgesetz gefunden. Und die Verantwortung des Menschen für Tiere ist als Pflicht formuliert. Konsequenz: Eine weitere Beschränkung der Freiheitsrechte der Forscher ist zu erwarten, es sei denn, es werden weitere ethische Rechtfertigungen für den Vorrang der Forschungsfreiheit vor den Tierrechten vorgebracht. Ethischen Argumenten kann man nur mit ethischen Argumenten entgegnen.

SINGER: Ich argumentiere in der Regel sehr viel breiter, als es in der Presse wiedergegeben wird. Journalisten wollen offenbar nur das sehr kurz greifende Argument hören, dass wir forschen, um menschliche Leiden zu mindern. Das greift zu kurz und gibt nicht wieder, was in der alltäglichen Intention unseres Tuns enthalten ist.

Ich würde lieber so argumentieren: Seit wir aus dem Paradies vertrieben worden sind, greifen wir handelnd in die Geschicke unserer Biotope ein. Das beginnt mit dem Ackerbau, setzt sich in der Tierzucht fort, gilt letztlich für alle zivilisatorischen Eingriffe, allen voran die Medizin und Veterinärmedizin. Mein Argument lautet: Wer handelt, ist verpflichtet und muss sich der Verantwortung stellen, nach bestem Wissen und Gewissen zu handeln, d. h., er muss die Folgen seines Tuns so nachhaltig wie möglich überprüfen. Er muss versuchen herauszufinden, ob er mit dem, was er tut, nicht mehr Unheil anrichtet, als er zu vermeiden sucht, kurz und gut, ob er dieses Handeln moralisch rechtfertigen kann. Dazu ist meines Erachtens Wissen unerlässlich. Ich muss die Randbedingungen des Systems, in das ich eingreife, kennen, um beurteilen zu können, wie es darauf reagieren wird und was ich langfristig mit meinem Tun anrichte. Also wird Neugier oder Wissenwollen zur moralischen Verpflichtung derer, die handeln. Wir haben in unserer arbeitsteiligen Gesellschaft eine Profession geschaffen, die den gesellschaftlichen Auftrag hat, das Wissen zu gewinnen, das die Macher für verantwortliche Entscheidungen brauchen. Wer Forschung beschränkt, handelt verantwortungslos, weil er die Gewinnung entscheidungsrelevanten Wissens verhindert.

MONTADA: Das ist dann ein ethisches Plädoyer für Forschung, aber noch keine Begründung für uneingeschränkte Forschungsfreiheit. Wir haben einen breiten Konsens, dass Freiheitsrechte durch die Rechte anderer und die Pflicht zu deren Achtung begrenzt werden. Bezüglich der Forschung am Menschen gibt es Restriktionen und ein allgemeines Rechtsgefühl, die die Freiheit der Forschung begrenzen. In der heutigen Debatte geht es um die Rechte von Tieren, insbesondere von Wirbel- und Säugetieren, die als leidensfähig angesehen werden. Die Kernfrage ist, ob die Rechte der Tiere grundsätzlich die Forschungsfreiheit zwingend begrenzen oder ob es Rechtfertigungen für die Verletzung der Tierrechte in der Forschung gibt? Die Grundlagenforschung, die nicht auf einen unmittelbaren Nutzen für Mensch, Tier und Ökosysteme verweisen kann, hat besondere Argumentationsnot.

SINGER: Zunächst zur Begründung der Grundlagenforschung, die nicht unmittelbar mit anwendbaren Erkenntnissen aufwarten kann: Wir wissen, dass man nicht gut beraten ist, nur dort zu suchen, wo die aktuellen praktischen Probleme sind. Man bekommt zwar manchmal, meist unerwartet, Ergebnisse, die auf kurzem Wege anwendungsrelevant werden. Das ist schön, kann aber nicht die Rechtfertigung für das tägliche Tun sein, weil solche Glücksfälle zu selten vorkommen und weil im Einzelfall nie a priori kausal begründet werden kann, dass dieser eine Tierversuch, der das Leben dieses einen Tieres kostet, für jene praktische Entwicklung, z. B. in der Medizin, notwendig ist.

MONTADA: Das wäre immerhin eine moralische Rechtfertigung für Grundlagenwissenschaft als Voraussetzung für angewandte Forschung, die allerdings von Teilen der heute Tierethik und Naturethik propagierenden Leute angegriffen wird. Dieser Zusammenhang müsste in der Bevölkerung mit guten Beispielen überzeugend verbreitet werden.

SINGER: Ja, nicht nur die breite Bevölkerung, selbst der Gesetzgeber fordert anwendungsbezogene Begründungen ein. Ich muss in meinen Anträgen den Nachweis antreten, dass die Ergebnisse einer geplanten Versuchsreihe von so großer praktischer Bedeutung sein werden, dass sie ethisch gerechtfertigt ist. Das zwingt mich fast zum Betrug, weil ich in der Tat in vielen Bereichen nicht angeben kann, ob das erwartete Versuchsergebnis wirklich in absehbarer Zeit Leiden vermindern wird. Außerdem weiß ich aus Erfahrung viel zu gut, dass ich oft unerwartete Versuchsergebnisse bekomme, die viel wertvoller sind als die intendierten. Man wird vom Gesetzgeber in eine Argumentationspflicht genommen, die man vor sich selbst nicht rechtfertigen kann.

GEGENWORTE: *Kann man sagen, Gesetzgeber haben ein unrealistisches Bild vom Funktionieren der Wissenschaft?*

SINGER: Ja, das sieht man deutlich daran, dass der Gesetzgeber zunehmend die Zuwendung von Mitteln davon abhängig macht, dass wir nachweisen können, welche umsetzbaren Erkenntnisse die einzelnen Untersuchungen erbringen werden. Das ist eine Katastrophe. Diese Vorgaben verführen die Forscher zum Schwindeln. Natürlich lassen sich immer Argumente finden. Insofern ist das für uns kein argumentatives Problem, aber es ist ein moralisches Problem.

MONTADA: Und zur Frage der ethisch gebotenen Beschränkungen der Forschungsfreiheit?

SINGER: Unser moralisches Problem ist das vorsätzliche Töten von Tieren. Das Leiden, das den Tieren zugefügt wird, ist in 95 bis 98 Prozent der Fälle minimal, die weitaus meisten Tiere werden schmerzlos getötet. Es gibt nur eine ganz kleine Marge von Versuchen, wo das Forschungsinteresse dem Schmerz selbst gilt, Schmerz also nicht ganz zu vermeiden ist. Aber wir töten. Wir züchten Tiere, die wir nach Abschluss der Forschung einschläfern. Oft handelt es sich dabei um Tiere, die wir gut kennen, weil wir mit ihnen lange zusammengearbeitet haben.

MONTADA: Es fällt dem Außenstehenden auf, dass die Angriffe auf die Tierforscher giftiger vorgetragen werden als die Angriffe auf die Viehzüchter und -halter, auf die Schlachtviehtransporteure, auf die Jäger, die Fischer und ihre Methoden. Und den Hinweis, dass allein für die Ernährung der Hunde und Katzen ganze Fleischberge gebraucht werden, findet man selten in der Diskussion. Wie kommt es, dass die Tierversuche in besonderer Weise angegriffen werden? Auch das Tierschutzgesetz ist viel restriktiver bezüglich Tierversuchen als bezüglich Tierzucht, -haltung und -verwendung oder bezüglich der Jagd.

SINGER: Das ist ein vielschichtiges Problem, dessen Analyse zum Kern der Problematik führt. Die Vergleiche zeigen, dass es ein hoch irrationales Phänomen ist, weil in anderen Bereichen sehr viel mehr Leid erzeugt wird. Beim Kastrieren von Haustieren wird tief in den Hormonhaushalt eingegriffen: Hinzu kommen Weichteilverletzungen, beides wird in Kauf genommen. Das Schlachten von Nutztieren ist hochproblematisch. Wenn das neue Gesetz kommt, werde ich gegen die Praxis der Tierschlachtung klagen. Warum diese Diskriminierung der Tierversuche? Ich glaube, es hat mit der Unterstellung von faustischem Tun hinter verschlossenen Türen zu tun. Da machen Leute Sachen, die unheimlich sind und rühren am Leben. Nach einer Umfrage verbinden Kinder mit Tierversuchen dunkle Kellerräume, Tierkadaver, blutbespritzte Mäntel, sadistisch aussehende Experimentatoren, denen es eine Wonne ist, Tiere zu quälen. Dies ist das Resultat der Propaganda reicher Tierschutzverbände, die sich Nischen für ihre Aktivitäten suchen müssen. Gingen sie mit der gleichen Verve gegen andere Tiernutzer vor, würden sie sofort von einer starken Lobby und vom Landwirtschaftsministerium in die Schranken gewiesen.

Deshalb fokussieren sie ihre Angriffe auf den Nebenschauplatz der Grundlagenforschung. Sie gehen nicht gegen die Wissenschaft als Ganzes vor, sondern suchen sich isoliert einige Bereiche heraus. Zur Zeit ist es die Primatenforschung, die ohnehin nur noch in wenigen Instituten möglich ist. Die Verbände konzentrieren sich auf kleine Gruppen, hinter denen keine mächtigen Verbandsstrukturen stehen, um Gelände und Mitglieder zu gewinnen. Wenn ich zu Hause einen Kaninchenstall hätte, dann könnte ich – ohne jeden Begründungszwang – wann und wie es mir beliebt, diesen Kaninchen das Fell über die Ohren ziehen. Wenn ich hier eine Ratte anästhesieren möchte, um Messungen vorzunehmen, muss ich das mit einem 40seitigen Antrag ethisch rechtfertigen. In dieser Ungleichbehandlung drückt sich Misstrauen und Diskriminierung aus.

Unberücksichtigt bleibt auch, dass die von Menschen unberührte Natur nicht nur gut ist. Die Evolution war gnadenlos, das Gleiche gilt für die natürliche Nahrungskette, und auch gegen Erkrankungen, ein natürliches Phänomen, lehnen wir uns auf.

MONTADA: Was kein Grund sein kann, auf ethische Normen für das Handeln des mit Willensfreiheit ausgestatteten Menschen zu verzichten. Das Problem ist die Gestaltung und Begründung dieser Ethik. Sie bekennen sich zu einer anthropozentrischen Ethik. Der Mensch und sein Wohlergehen haben höheres Gewicht als die Tiere, vielleicht auch, weil er eine höhere Leidensfähigkeit und mit seiner sozialen Bezogenheit eine höhere Mitleidensfähigkeit hat. Man kann sich eine Gesellschaft vorstellen, in der diese Priorität des Menschen nicht mehr gilt, allerdings wohl nur so lange, wie es keine durch Tiere übertragenen Seuchen gibt und solange der Mensch im Kampf um Lebensraum und Wohlergehen nicht von Ratten oder anderen Arten bedrängt wird.

SINGER: Man muss die Forschung nicht einmal anthropozentrisch rechtfertigen. Es steht außer Frage, dass sich auch die Lebensbedingungen der Tiere durch unsere Forschung verbessert haben. Wir schützen die Tiere inzwischen auch vor ihren Infektionskrankheiten, wir können sie heilen. Die Praxen der Veterinärmediziner florieren, weil die vielen nicht artgerecht gehaltenen Haustiere an Zivilisationserkrankungen leiden, die nur dank der Veterinärmedizin beherrscht werden können. Deshalb auch diese ethische Frage: Darf man das Leben weniger Tiere opfern, um vielen anderen Tieren zu einem komfortableren Leben zu verhelfen?

MONTADA: Die ethische Problematik des Opferns einiger weniger für das Wohl vieler – die ursprüngliche utilitaristische Position – ist mittlerweile erkannt: Für die Humanethik ist das keine moralisch akzeptable Lösung. Deshalb ja auch die Restriktionen bezüglich der Versuche am Menschen und die »informierte Zustimmung« als Voraussetzung der Teilnahme an Untersuchungen. Von Tieren ist eine informierte Zustimmung zur Verwendung in der Forschung nicht einzuholen. So rechtfertigen die selbst ernannten Anwälte der Tiere ihr Engagement.

GEGENWORTE: *Ist es möglich, von dieser Polarisierung Tierschützer versus Tierforscher abzukommen? Sie sagten, man muss sich über die angestrebte Conditio humana verständigen. Wie könnte das aussehen?*

MONTADA: Man muss zunächst die Konflikte spezifizieren. Es sind mehrere Konfliktkategorien, die sich überlagern. Einerseits Konflikte um Fakten: Militante Tierversuchsgegner bestreiten, dass Tierversuche – nicht nur in der Grundlagenforschung, sondern auch in der angewandten humanmedizinischen, der phar makologischen und in der Schadstoffforschung – einen Nutzen haben und für die Gesundheit des Menschen valide Informationen liefern. Wenn man sich über diese Fakten nicht verständigen kann, kann man es über die weiteren Konflikte schon gar nicht. Wie den Konflikt um das Leid, das Versuchstieren zugefügt wird: Schmerzen, Furcht, Einschränkungen der Bewegungsfreiheit und andere Deprivationen. Das ist nicht nur ein Faktenkonflikt, sondern auch ein Überzeugungskonflikt bezüglich der Erlebnisfähigkeit von Tieren. Eine dritte Kategorie sind die Konflikte über die Geltung ethischer Normen: Welche Rechte werden Menschen und Tieren zugebilligt? Wessen Rechten wird im Konfliktfall Vorrang eingeräumt? Eine vierte Konfliktkategorie betrifft die Fragen: Wer trägt welche Verantwortung für das Wohl des Menschen, auch das nachhaltige Wohl in einer gesunden Umwelt? Welche Verantwortung hat »der Mensch« für das »Wohl individueller Tiere«, unabhängig von Eigeninteressen? Ein fünfter Gegenstand von Konflikten ist die Diskriminierung der Tierforscher durch die Tierschützer, sowohl die persönliche Verunglimpfung als auch die Inkonsistenzen der Bewertung der Tierversuche und der Bewertung der Tierzucht, der Massentierhaltung, der Tierschlachtung, der Jagd u. a. m. Ein sechstes Konfliktfeld könnte die Bewertung der Wissenschaft für die Gewinnung von Erkenntnis sein.

Stoff genug für eine langwierige, komplexe Konfliktmediation. Die schwierigsten Konflikte sind die normativen, diejenigen der ethischen Bewertung.

GEGENWORTE: *Wie kann man das anpacken?*

MONTADA: Die Diskursethik hat persönliche Voraussetzungen für die konstruktive Teilnahme an einem ethischen Diskurs spezifiziert: Kompetenzen und Haltungen. Es gibt Prinzipien der Verfahrensgerechtigkeit und Prinzipien der Konfliktmediation, die man heranziehen kann. Niemand darf autoritativ beanspruchen, im Besitz der alleinigen Wahrheit zu sein; jede Behauptung muss argumentativ begründet werden; Begründungsargumente müssen konsistent gebraucht werden; die Positionen und Argumente der Gegenseite müssen aufgenommen werden und deren

Verständnis ist durch Reformulierung nachzuweisen; jeder Teilnehmer redet für sich selbst, nicht als Funktionär einer Gruppierung mit eingeschränkter persönlicher Freiheit und Verantwortlichkeit; gemeinsames Nachdenken über Entscheidungsoptionen wird erwartet, auch die Offenlegung der Interessen, die hinter der eigenen Position liegen; Bewertung der Entscheidungsoptionen unter Bezugnahme auf die Anliegen aller Betroffenen u. a. m.

SINGER: Ich fürchte, der Disput wird nicht auf dieser respektablen Ebene geführt. Wenn wir uns ernsthaft zusammensetzten und moralische Argumente austauschten, dann würden wir sorgenvoll auf beiden Seiten über unsere Zukunft nachdenken und versuchen herauszufinden, wie wir uns in unserer Unsicherheit behelfen sollen, die hüben wie drüben gleichermaßen vorhanden ist. Ich glaube, dass wir uns da von den Tierschützern gar nicht so sehr unterscheiden.

Der Diskurs ist im Augenblick kein Moraldiskurs, wir sind in einen sehr polemischen, die Moral als Argumentationshilfe benutzenden Positionskampf verwickelt. Wir rechtfertigen uns mit utilitaristischen Argumenten, weil uns diese vom Gesetzgeber in den Mund gelegt werden und weil sie am einfachsten zu vermitteln sind. Umgekehrt wird die Moral von der anderen Seite usurpiert, um ein Unbehagen zu begründen, das ganz andere, komplexe psychologische Ursachen hat.

MONTADA: Das kann schon sein, dass es hinter den vertretenen Positionen ganz andere persönliche Anliegen gibt: ökonomische, Sozialstatus, das Gewinnen einer respektablen sozialen Identität, auch Ängste vor der Zukunft und vor der Wissenschaft. Aber muss man sich nicht doch mit der Moral der anderen Seite auseinandersetzen? Was ist die Alternative? Man redet nicht miteinander, sondern umwirbt die Öffentlichkeit und versucht, parlamentarische Mehrheiten oder Bundes- und Verfassungsrichter für die eigenen Positionen einzunehmen.

Hubert Markl hat einmal gesagt, gegen Moral hilft nur das Recht. Das ist ein schönes Bonmot, aber nicht alle finden sich damit ab, dass das Recht nicht ihrer Moral entspricht. In der Tat, denke ich, hilft gegen eine Moral das geltende Recht nur so lange, bis diese Moral mehrheitsfähig geworden ist: Dann wird das Recht der Moral angepasst, oder es müsste das Recht durch einen undemokratischen Staat gegen die Mehrheitsmoral geschützt werden. Man kann es auch umdrehen und sagen, gegen Recht hilft nur die Moral. Das ist das Argument der Tierschützer und der Naturschützer, die versuchen, Recht so zu gestalten, wie es ihrer Moralvorstellung entspricht.

SINGER: Hier geht es auch um Verantwortung und Kohärenz. Wenn ich Tierversuche, z. B. für die Entwicklung von Antidepressiva, für unethisch halte, dann muss ich auch konsequent sein. Dann erwarte ich von Tierschützern, dass sie in ihrem Pass vermerken: »Ich bin überzeugter Tierversuchsgegner und möchte, wenn ich im Koma aufgefunden werde, mit folgenden Verfahren nicht behandelt werden, weil diese nachweislich auf der Basis von Tierversuchen entwickelt worden sind.« Dies wäre eine konsequente Haltung und überzeugte mich davon, dass die Argumente moralbasiert sind.

MONTADA: Das wäre eine konsequente Position. Jeder, der handelt, trägt die Verantwortung für sein Handeln und – sofern voraussehbar – für dessen Konsequenzen, Tierforscher und Tierschützer wie alle anderen. Normalerweise haben Handlungen nicht nur positive Erträge, sondern auch Kosten und Schäden. Diejenigen, die vehement aus moralischen Gründen eine Handlung oder eine Unterlassung fordern, neigen dazu, die Kosten und Schäden, die damit verbunden sind, zu übersehen. Die Vehemenz moralischer Forderungen geht einher mit Blindheit für die negativen Folgen.

Rationalität der Entscheidung setzt Kenntnis der positiven und negativen Folgen voraus. Das Abwägen der Folgen wird dann ohne Vehemenz möglich, wenn die Verantwortung für die negativen, in Kauf zu nehmenden Folgen erlebt und akzeptiert wird. Diese Verantwortlichkeit muss von Diskursteilnehmern und erst recht von praktisch Handelnden gefordert, akzeptiert und erlebt werden. Deshalb sind die oben erwähnten Faktenkonflikte hoch bedeutsam: Hier geht es um die Folgen des Handelns wie der Unterlassung des Handelns. Das muss von beiden Seiten verlangt werden. Sie haben das Töten der Versuchstiere als moralisches Problem der Tierforschung genannt. Die Tierversuchsgegner schirmen sich gegen Mutmaßungen über negative Folgen ihrer Unterlassungsforderung noch ab.

SINGER: Ja, ich könnte mir einen Fragenkatalog vorstellen, der von beiden Seiten gleichermaßen zu beantworten wäre. Zu fragen wäre: Was unterscheidet den Menschen vom Tier? Wie sehen wir die Leidensfähigkeit von Tieren im Vergleich zur Leidensfähigkeit von Menschen? Glauben wir, dass Erkenntnisse aus Tierversuchen auf den Menschen übertragbar oder für das Management unsere Biotope relevant sind? Das Wissen, das wir über die Dynamik von Lebensprozessen anhäufen, versetzt uns zunehmend in die Lage, den Finger zu heben und Entscheidungsträger mit begründbaren Argumenten darauf zu verweisen, dass die Bedingungen komplizierter sind als vermutet und dass bei jedem Schritt überlegt werden muss, ob wir ihn wirklich tun wollen. Die Wissenschaft ist es, die uns Vorsicht lehrt. Sie hat uns gezeigt, dass die Dynamik komplexer Systeme nicht prognostizierbar ist. Sie zwingt uns, von so genannten Wahrheiten oder langfristigen Prognosen dezidiert Abstand zu nehmen und jedem zu misstrauen, der vorgibt, über Sicherheiten zu verfügen. Wer Entscheidungen trifft, ist gut beraten, nur kleine Veränderungen vorzusehen und in kurzen Abständen zu überprüfen, welches die Folgen sind. Wenn die Entwicklung nicht in die intendierte Richtung geht, muss die Änderung sofort rückgängig gemacht werden.

GEGENWORTE: *Man hat nicht den Eindruck, dass die Wissenschaftler diejenigen sind, die von Zweifeln geplagt ihre Ergebnisse oder auch ihr Tun ständig prüfen und darüber nachdenken. Sie wirken eher wie die letzte Spezies in unserer Gesellschaft, die noch weiß, wo es langgeht.*

SINGER: Die Wissenschaft ist viel bescheidener und viel selbstkritischer, als der Laie vermutet. Wenn jemand die Möglichkeit letztgültiger Erkenntnis hinterfragt, so sind es meist die Wissenschaftler selber, weil diese ständig mit den Grenzen des Erkennbaren konfrontiert sind.

MONTADA: Die Außenwahrnehmung ist sicher nicht ganz falsch.

Die Wissenschaften, um welche es sich auch handelt, müssen sich heute verkaufen. Und um sich zu verkaufen, muss man mehr behaupten, als man weiß und wissen kann. Wissenschaftsgläubigkeit der Öffentlichkeit – obwohl sie mit der wissenschaftlichen Haltung unvermeidbar ist – ist nützlich für die Ressourcengewinnung. Aber wie ist das mit den moralischen Selbstzweifeln, Herr Singer?

SINGER: Wir haben keine große internationale Konferenz, an der nicht mindestens ein Symposium das Thema Tierschutz behandelt und sich mit den ethischen Grenzen unseres Tuns befasst. Diese Fragen werden intern sehr wohl reflektiert. Auch ist anzumerken, dass die ersten einschränkenden Codices – noch längst bevor es irgendwelche Gesetze gab – von den Forschungsorganisationen selbst auferlegt wurden, z. B. keine schmerzhaften Eingriffe am nicht narkotisierten Tier vorzunehmen. Wer zuwiderhandelte, konnte die erzielten Erkenntnisse nicht mehr publizieren, ein sehr effektives Instrument der Selbstkontrolle. Die Wissenschaft passt schon auch selbst auf sich auf. Wir waren längst vor der Novellierung des Tierschutzgesetzes weltweit auf Codices festgelegt, die strenger und vernünftiger waren als das, was uns jetzt abverlangt wird, weil sie von Fachleuten ausgearbeitet wurden.

Aber wie ist es eigentlich mit der moralischen Bewertung vorsätzlich unterlassener Hilfeleistung? Macht sich nicht schuldig, wer vorsätzlich auf Wissen verzichtet und die Gewinnung von Wissen unterbindet, von dem man mit großer Wahrscheinlichkeit annehmen kann, dass es der Leidensminimierung und Schadensabwendung dient? Ich hätte ein schlechtes Gewissen, wenn ich solche Beschränkungen verantworten müsste.

MONTADA: Es ist immer leichter, Schuld für eine begangene Tat als für die Folgen einer unterlassenen Tat zuzuweisen. Der Nutzen der Forschung kann bezweifelt werden, zumal der Nutzen unterlassener Forschung auch nicht konkret spezifiziert werden kann. Der unterlassene Schaden ist demgegenüber zu spezifizieren: viele getötete Tiere weniger. Ein anderes Schuldabwehrargument verweist auf die Risiken, dass mit Forschungserkenntnissen

Schaden angerichtet werden kann, wofür es ja viele Beispiele gibt. Niemand kann garantieren, dass mit den Ergebnissen der Hirnforschung nicht Eingriffe möglich werden, die verbrecherischer Natur sind. Wenn man sich durch den Schuldvorwurf zu einem Gegenvorwurf der unterlassenen Hilfeleistung provozieren lässt, führt das zu einer Eskalation des Konfliktes. Reicht es nicht aus, das eigene Tun mit der Erwartung von Erkenntnissen zu rechtfertigen, die hilfreich und nützlich sein werden? Das ethische Problem der Benutzung von Tieren als Forschungsobjekte soll ja nicht geleugnet werden.

SINGER: Allerdings ist das Handeln anderer ethisch ebenso bedenklich, doch kaum beachtet. Die Kammerjäger, die in den Städten zu Zigtausenden Ratten vergiften, mit Gerinnungshemmern, die zum Tod durch innere Blutungen führen. Die Taubenvergifter, die Sportjäger, die Fischer, alle Freizeittiernutzer. Wenn in einem rationalen Diskurs verlangt würde, dass ethische Maßstäbe konsistent anzulegen sind, dann würde das zu einer Revolte in der Gesellschaft führen, weil dann viele Bereiche durchleuchtet werden müssten, die ökonomisch außerordentlich sensibel sind. Das artgerechte Halten von Haustieren alleine würde riesige Investitionen erfordern, wenn für diese Tiere die gleichen Bedingungen geschaffen werden müssten wie für Versuchstiere. Wie inkohärent unsere Gesetze sind, zeigt auch folgendes Beispiel: Wir haben eine deutsche Hundeordnung, die schreibt vor, wie groß der Lebensraum eines Hundes pro Kilogramm sein muss, wie viel Sozialkontakte er haben muss und wie viel Ausgang. Wir müssten manche Wohnghettos unserer Vorstädte schließen, wenn wir die deutsche Hundeordnung auf Kinder anwendeten.

GEGENWORTE: *Sie sagen beide, man müsste die Debatte anders führen, als sie bis jetzt geführt wurde. Mich interessiert dieses ›wie‹, etwa im Umgang mit einer Jugend, die mit einem ganz anderen Ökobewusstsein aufgewachsen ist und natürlich auch erst einmal unwissenschaftlich argumentieren wird.*

MONTADA: Die Regeln der Diskursethik, die Prinzipien der Verfahrensgerechtigkeit und der Konfliktmediation habe ich schon erwähnt. Zu den Rahmenbedingungen wäre zu ergänzen: Es ist besser, man führt den Diskurs nicht vor der Öffentlichkeit, sondern im Kabinett. Das verhindert eine Selbstbindung der Teilnehmer an bestimmte Positionen, von denen sie dann nicht mehr ohne Gesichtsverlust wegzukommen glauben. Weiter sollten nicht zu viele Vertreter einer Position beteiligt sein, weil diese sich auch untereinander festlegen. Die Wissenschaft sollte nicht versuchen, Talkshows nachzustellen.

SINGER: Man müsste Exponenten als Gesprächspartner gewinnen, aber im öffentlichen Diskurs wird sich das als wenig fruchtbar erweisen. Es gibt hier zu viele Zwänge, den Zwang zur Rechtfertigung vor der eigenen Klientel für die Verbandsfunktionäre, der Blick auf die Wähler für die Politiker. Man argumentiert nicht als moralisch urteilendes Individuum, sondern als Gruppenmitglied und Funktionär.

MONTADA: Das Zweite sind die Grundhaltungen. Ich nenne vier: 1. Mit Fundamentalisten, die überzeugt sind, die allein gültige Moral zu haben, ist kein Diskurs zu führen. Es gibt viele Moralen und sie sind widersprüchlich. Damit ist nicht einem Relativismus das Wort geredet, der behauptet: »Nichts gilt«, sondern ganz im Gegenteil: Vieles gilt, viele Maximen haben Gültigkeit, aber in der ausschließlichen Anwendung verletzt jede Maxime alle anderen. Diskursteilnehmer sollten Einsicht in die prinzipiellen Dilemmata im Umgang mit Maximen haben. Tierschutz als Staatsziel? Im Prinzip nichts dagegen. Es muss aber ein Ausgleich gesucht werden mit anderen Staatszielen und mit in der Verfassung garantierten Rechten: Forschungsfreiheit, Gesundheitsschutz der Menschen, auch Umweltschutz, Freiheit des wirtschaftlichen Handelns und andere Freiheitsrechte, Erhaltung des inneren Friedens. Ich nenne das Einsicht in die Notwendigkeit einer positiven Relativierung: Kein Moralprinzip, keine Moral gilt ausschließlich, sondern sie ist immer zu relativieren auf die Geltung anderer Moralprinzipien. 2. Die Teilnehmer müssen bereit sein, empirisches Wissen als solches zu akzeptieren, wenn es denn belegt ist. 3. Die Argumente der Gegenseite sind so gut wie möglich wiederzugeben. 4. Die Teilnehmer verpflichten sich, nach bestem Wissen nicht nur die Fakten und Argumente zu nennen, die für ihre Position sprechen, sondern auch diejenigen, die gegen ihre Position sprechen, d. h., sie tragen die Verantwortung für die Kosten und Schäden, die bei Realisierung ihrer Position entstehen. Da es kein Handeln und Entscheiden gibt, das keine Kosten hat und das nicht legitime Ansprüche irgendwelcher Subjekte vernachlässigt oder verletzt, wird man immer schuldig. Alle Beteiligten sollten sich dessen bewusst sein. Dieses Bewusstsein entemotionalisiert den Disput und ist eine gute Voraussetzung für den Diskurs.

GEGENWORTE: *Ist das ein Modell, um den Streit tatsächlich zu überwinden, oder meinen Sie, man sollte so etwas auf einer friedlichen, toleranten Insel probieren?*

SINGER: Wir müssen es immer probieren, eine andere Chance haben wir nicht. Das ist nur eine Frage der Lebenszeit. Wir haben nicht genug Zeit, um all die Diskurse zu pflegen, die wir pflegen müssten. Die Bewältigung der Informationen in dieser arbeitsteiligen Gesellschaft ist zum zentralen Problem geworden. Wir bräuchten *effizientere Mediatoren*. Wir benötigen Verdichter, Verteiler, Multiplikatoren, und diese müssen gänzlich andere Ziele verfolgen als die gegenwärtigen Massenmedien. Wenn Journalisten 30 Sekunden gewähren, um darzulegen, was Bewusstsein ist, wird man sprachlos.

GEGENWORTE: *Können Sie als Hirnforscher noch zwei, drei Stichworte sagen, was diese Verteiler und Verdichter können müssten?*

SINGER: Sie müssten die Experten-Sprache beherrschen, damit sie übersetzen können, d. h., sie müssen wissenschaftlich kompetent sein. Nur Vermittler sein zu wollen, ohne einschlägige Fachkenntnis, genügt nicht. Ferner müssten die Mittler von den Wissenschaftsorganisationen und den politischen Organen anteilig bezahlt werden, damit Lobbyfunktionen vorgebeugt wird. Mit wem sie reden, dürfte sich nicht im Gehalt niederschlagen.

MONTADA: Eine gute Aufgabe: Ich würde sie sofort annehmen, wenn ich emeritiert bin. Unsere Älteren haben das Wissen und die Zeit und die Weisheit dazu. Unsere Gesellschaft ist von allen guten Geistern verlassen, dass wir unsere Leute mit 65 ausgren-

zen, statt sie produktiv einzubinden. Hier liegt ein Betätigungs-
feld: die Entwicklung einer Kultur der Auseinandersetzung.
SINGER: Da müssen wir über die Rolle der Akademie nachdenken
und über die Rolle der dort ansässigen Emeriti. Ich glaube, da ist
ein ungeheurer Schatz zu heben: an Zeit, was das Kostbarste
heutzutage geworden ist, und an Wissen, das ja nicht altert. Die
Emeriti könnten diese Rolle übernehmen. Sie wären gezwungen,
aktiv zu bleiben, zu schreiben, zu reisen, sie wären weit weniger
anfällig für Altersgebrechen, herrlich wäre das.

Das Gespräch wurde moderiert von Hazel Rosenstrauch von *Gegenworte.*
Erstveröffentlichung in: *Gegenworte. Zeitschrift für den Disput über Wissen*, 4. Heft, Herbst 1999, S. 10-16.

Kulturwissenschaft und Kulturtheorie
im Suhrkamp Verlag
Eine Auswahl

Michail M. Bachtin. Die Ästhetik des Wortes. Herausgegeben und eingeleitet von Rainer Grübel. Übersetzt von Rainer Grübel und Sabine Reese. es 967. 366 Seiten

Michail M. Bachtin. Rabelais und seine Welt. Volkskultur als Gegenkultur. Übersetzt von Gabriele Leupold. Herausgegeben und Vorwort von Renate Lachmann. stw 1187. 546 Seiten

Roland Barthes
- Fragmente einer Sprache der Liebe. Übersetzt von Hans-Horst Henschen. st 1586. 279 Seiten
- Die helle Kammer. Bemerkungen zur Photographie. Übersetzt von Dietrich Leube. Mit zahlreichen Abbildungen. st 1642. 138 Seiten
- Mythen des Alltags. Übersetzt von Helmut Scheffel. es 92. 152 Seiten

Pierre Bourdieu. Die Regeln der Kunst. Genese und Struktur des literarischen Feldes. Übersetzt von Bernd Schwibs und Achim Russer. 552 Seiten. Gebunden

Peter Bürger. Theorie der Avantgarde. es 727. 147 Seiten

Gilles Deleuze. Das Bewegungs-Bild. Kino 1. Übersetzt von Ulrich Christians und Ulrike Bokelmann. stw 1288. 332 Seiten

Gilles Deleuze. Das Zeit-Bild. Kino 2. Übersetzt von Klaus Englert. stw 1289. 454 Seiten

NF 118/1/8.00

Jacques Derrida. Grammatologie. Übersetzt von Hans-Jörg Rheinberger und Hanns Zischler. stw 417. 541 Seiten

Jacques Derrida. Die Schrift und die Differenz. Übersetzt von Rodolphe Gasché. stw 177. 451 Seiten

John Dewey. Kunst als Erfahrung. Übersetzt von Christa Velten, Gerhard vom Hofe und Dieter Sulzer. stw 703. 411 Seiten

Michel Foucault. Archäologie des Wissens. Übersetzt von Ulrich Köppen. stw 356. 301 Seiten

Michel Foucault. Die Ordnung der Dinge. Eine Archäologie der Humanwissenschaften. Übersetzt von Ulrich Köppen. stw 96. 470 Seiten

Peter Gendolla/Thomas Kamphusmann (Hg.). Die Künste des Zufalls. stw 1432. 302 Seiten

Michael Giesecke. Der Buchdruck in der frühen Neuzeit. stw 1357. 957 Seiten

Michael Giesecke. Sinnenwandel, Sprachwandel, Kulturwandel. Studien zur Vorgeschichte der Informationsgesellschaft. stw 997. 374 Seiten

Ernst H. Gombrich/Julian Hochberg/Max Black. Kunst, Wahrnehmung, Wirklichkeit. Übersetzt von Max Looser. es 860. 156 Seiten

Nelson Goodman. Sprachen der Kunst. Entwurf einer Symboltheorie. Übersetzt von Bernd Philippi. stw 1304. 254 Seiten

Nelson Goodman/Catherine Z. Elgin. Revisionen. Philosophie und andere Künste und Wissenschaften. Übersetzt von Bernd Philippi. stw 1050. 225 Seiten

Jack Goody. Die Logik der Schrift und die Organisation von Gesellschaft. Übersetzt von Uwe Opolka. 323 Seiten. Gebunden

Jack Goody/Ian Watt/Kathleen Gough. Entstehung und Folgen der Schriftkultur. Übersetzt von Friedhelm Herborth. Mit einer Einleitung von Heinz Schlaffer. stw 600. 161 Seiten

Wolf Lepenies. Melancholie und Gesellschaft. Mit einer neuen Einleitung: Das Ende der Utopie und die Wiederkehr der Melancholie. stw 967. 337 Seiten

André Leroi-Gourhan. Hand und Wort. Die Evolution von Technik, Sprache und Kunst. Übersetzt von Michael Bischoff. Mit 153 Zeichnungen des Autors. stw 700. 532 Seiten

Winfried Menninghaus. Ekel. Theorie und Geschichte einer starken Empfindung. 592 Seiten. Gebunden

K. Ludwig Pfeiffer. Das Mediale und das Imaginäre. Dimensionen kulturanthropologischer Medientheorie. 624 Seiten. Gebunden

Soziologie im Suhrkamp Verlag
Eine Auswahl

Pierre Bourdieu
- Die feinen Unterschiede. Kritik der gesellschaftlichen Urteilskraft. Übersetzt von Bernd Schwibs und Achim Russer. stw 658. 910 Seiten
- Homo academicus. Übersetzt von Bernd Schwibs. stw 1002. 455 Seiten
- Praktische Vernunft. Zur Theorie des Handels. Übersetzt von Hella Beister. es 1985. 226 Seiten
- Rede und Antwort. Übersetzt von Bernd Schwibs. es 1547. 237 Seiten
- Die Regeln der Kunst. Genese und Struktur des literarischen Feldes. Übersetzt von Bernd Schwibs und Achim Russer 552 Seiten. Gebunden
- Sozialer Sinn. Kritik der theoretischen Vernunft. stw 1066. 503 Seiten
- Soziologische Fragen. Übersetzt von Hella Beister und Bernd Schwibs. es 1872. 256 Seiten
- Über das Fernsehen. Übersetzt von Achim Russer. es 2054. 140 Seiten
- Zur Soziologie der symbolischen Formen. Übersetzt von Wolfgang Fietkau. stw 107. 201 Seiten

Pierre Bourdieu/ Loïc J. D. Wacquant. Reflexive Anthropologie. Übersetzt von Hella Beister. 351 Seiten. Gebunden

Emile Durkheim
- Erziehung, Moral und Gesellschaft. Vorlesung an der Sorbonne 1902/1903. Einleitung: Paul Fauconnet. Übersetzt von Ludwig Schmidts. stw 487. 339 Seiten

NF 114/1/5.00

- Physik der Sitten und des Rechts. Vorlesungen zur Soziologie der Moral. Übersetzt von Michael Bischoff. Herausgegeben von Hans-Peter Müller. stw 1400. 351 Seiten
- Die Regeln der soziologischen Methode. Herausgegeben und Einleitung: von René König. stw 464. 247 Seiten
- Schriften zur Soziologie der Erkenntnis. Übersetzt von Michael Bischoff. Herausgegeben von Hans Joas. stw 1076. 292 Seiten
- Der Selbstmord. Übersetzt von Sebastian und Hanne Herkommer. stw 431. 485 Seiten
- Soziologie und Philosophie. Einleitung von Theodor W. Adorno. Übersetzt von Eva Moldenhauer. stw 176. 157 Seiten
- Über soziale Arbeitsteilung. Studie über die Organisation höherer Gesellschaften. Einleitung von Niklas Luhmann. Nachwort von Hans-Peter Müller und Michael Schmid. stw 1005. 544 Seiten

André Gorz. Arbeit zwischen Misere und Utopie. Übersetzt von Jadja Wolf. Edition Zweite Moderne. 208 Seiten. Broschur